美好人生
需要好心态

张永婷 ◎ 编著

北京工业大学出版社

图书在版编目（CIP）数据

美好人生需要好心态 / 张永婷编著. —北京：北京工业大学出版社，2012.10

ISBN 978-7-5639-3236-8

Ⅰ.①美… Ⅱ.①张… Ⅲ.①人生哲学—通俗读物 Ⅳ.① B821-49

中国版本图书馆 CIP 数据核字（2012）第 203128 号

美好人生需要好心态

编　　著：	张永婷
责任编辑：	孙　澍
封面设计：	尚世视觉
出版发行：	北京工业大学出版社
	（北京市朝阳区平乐园 100 号　100124）
	010-67391722（传真）bgdcbs@sina.com
出 版 人：	郝　勇
经销单位：	全国各地新华书店
承印单位：	唐山才智印刷有限公司
开　　本：	787 mm × 1092 mm　1/16
印　　张：	17
字　　数：	150 千字
版　　次：	2012 年 10 月第 1 版
印　　次：	2021 年 1 月第 2 次印刷
标准书号：	ISBN 978-7-5639-3236-8
定　　价：	32.00 元

版权所有　翻印必究

（如发现印装质量问题，请寄本社发行部调换 010-67391106）

前　言

　　身处沙漠，干渴的你面对最后半杯清水的时候，会作何感想？是为只剩下半杯水而难过，还是为还有半杯水留下而开心？面对这样简单直白的选择，相信大部分人都会选择后者。但是，在生活中，当问题稍微变得复杂一些时，我们就会辨不清方向。其实，选择本身并不重要，重要的是促使我们作出选择的心态是怎样的。所以，如果你想让自己的人生多一些快乐与成功，少一些失望和难过，就要学会用积极乐观的心态面对生活。

　　生活总是由悲欢离合组成的，我们不能控制自己的际遇，但我们可以控制自己的心态。心态决定了每个人的行动和思想，同时，也决定了一个人的视野和成就。

　　人与人之间本身并无太大的区别，真正的区别在于心态——"要么你去驾驭生命，要么生命驾驭你。心态决定了谁是坐骑，谁是骑师。"

　　一位艺术家说："你不能延长生命的长度，但你可以扩展它的宽度；你不能改变天气，但你可以左右自己的心情；你不可以控制环境，但你可以调整自己的心情。"

　　一个热爱生活的人，其生活必然是丰富多彩的，而一份色彩斑斓的生活也必然少不了阳光般灿烂的心境。当你感觉心情愉悦的时候，你看到的花儿是艳丽的，你看到的小草会更有生命力。相反，如果你心情糟糕，美

美好人生需要好心态

丽的花朵、朝气蓬勃的小草都会失去颜色。美好的生活在阳光的普照下更有光彩，幸福的人生在快乐的心态下更有活力。在生活中，每个人都应该用阳光一般的心态积极乐观地面对一切。伟大哲学家亚里士多德说："生命的本质在于追求快乐。"想要拥有快乐的生活，一定少不了一份积极乐观的心态。

只要保持一颗年轻的心，生命的年轮就不会出现斑斑锈迹。现在的我们，越来越注意养生和保健，希望以此来获得健康的身体。其实，想要身体健康，除了要注意保养身体，更重要的是保持一颗年轻的心。拥有年轻的心态，不仅有益于健康，还可以使生活多一份活力、多一点快乐。

你以什么样的眼光看待世界，世界就会以什么样的眼光看待你。人世间的许多事情，或远或近，或亲或疏，往往是因为自己的心态。人有时只要改变一下自己，便会拥有另一种风景。

人的心态如果是美好的，那么你所做的事情必然是精彩的。如果人人都有个好心态，你就会活得轻松而愉快。

目 录

第一章　好心态最重要 ………………………… 1
平常心 ……………………………………………… 1
心态积极是生活好的根本保证 …………………… 6
什么心态指引什么方向 …………………………… 12
自信的力量无穷大 ………………………………… 16
功德心常在 ………………………………………… 20
其实你可以不生气 ………………………………… 23
要有一颗快乐的心 ………………………………… 27

第二章　另一道风景线 ………………………… 34
生命无可替代 ……………………………………… 34
每天都要感恩 ……………………………………… 36
赠人玫瑰，手有余香 ……………………………… 38
烦恼谁都有，自寻烦恼没意义 …………………… 46
宽恕自己 …………………………………………… 50
你本来就可以很快乐 ……………………………… 53
做最好的自己 ……………………………………… 58

第三章　活在现实中 …………………………… 64
工作还是主动的好 ………………………………… 69

　　人生莫贪 ………………………………………… 72
　　识时务者为俊杰 ………………………………… 77
　　人生不能一帆风顺 ……………………………… 79
　　相信明天 ………………………………………… 85
　　人只有活着才有可能享受幸福 ………………… 89
　　不要攀比 ………………………………………… 95
　　知足者常乐 ……………………………………… 99

第四章　人生需要感悟…………………………… 105
　　快乐从哪里来 …………………………………… 105
　　真心实意去体贴 ………………………………… 109
　　工作和梦想 ……………………………………… 111
　　人生需要正向思考 ……………………………… 118
　　要有危机感与忧患意识 ………………………… 122

第五章　自己的路自己走………………………… 128
　　自己的主意自己拿 ……………………………… 128
　　脚踏实地，成功没有捷径 ……………………… 131
　　怎样对待压力 …………………………………… 136
　　意志自由 ………………………………………… 142
　　苦难不是挡箭牌 ………………………………… 144
　　战胜不幸 ………………………………………… 147
　　最合适的生活才是最好的 ……………………… 152
　　危机蕴涵契机 …………………………………… 156
　　抱怨他人等于影射自己 ………………………… 159
　　学会宽恕别人 …………………………………… 166
　　幸福就在身边 …………………………………… 170

朋友的力量 …………………………………… 176

常保持微笑 …………………………………… 181

坚持到底 ……………………………………… 187

开阔心胸，远离嫉妒 ………………………… 196

柳暗花明又一村 ……………………………… 200

改变不良情绪 ………………………………… 205

让心灵去旅行 ………………………………… 209

第六章　多学人生技巧 …………………… 213

放低姿态 ……………………………………… 213

要耐得住寂寞 ………………………………… 216

珍惜每一分钟 ………………………………… 222

学会独立思考 ………………………………… 225

难得不在乎 …………………………………… 230

学会放手 ……………………………………… 233

成熟需要代价 ………………………………… 237

正视自己的缺点 ……………………………… 241

自我调节 ……………………………………… 244

不要计较 ……………………………………… 248

取长补短 ……………………………………… 252

淡泊名利 ……………………………………… 255

第一章　好心态最重要

平　常　心

持平常心处世，可以立于不败之地。顺其自然，即可得静，宁静而致远。平常心的世界是无限的。

平常心虽是简单的三个字，但在生活中，却是人人都难越过的一道坎。因为我们并不懂得何为真正的平常心，也不懂得怎样来保持自己的平常心，更不懂得怎样来利用平常心。

平常心首先是一种心境，不仅是对待周围的环境要做到"不以物喜，不以己悲"，更要对周围的人和事做到"宠辱不惊，去留无意"，只有这样，才能让我们的生活多一份平静。

其次，平常心也是一种境界。慧能大师曾云："本来无一物，何处染尘埃。"他的这种超脱物外、超越自我的境界正是对平常心最好的解释。有平常心的人不是看破红尘，更不是消极遁世，相反，他们所要表现的是一种积极的心态。以平常心观不平常事，则事事平常，无时不乐也无时不忧。

一个人曾经问过一个和尚说："和尚修行，还用功否？"和

尚回答说:"用功。"那个人又问道:"如何用功?"和尚回答:"饥则吃饭,困则即眠。"那人非常奇怪地说:"为什么我和你一样就不算用功呢?"和尚笑着回答:"你和我们当然不一样了,你该吃饭时不好好吃饭,该睡觉时不好好睡觉,整天千种计较、万般思量,心不宁静,怎么叫做用功?如何算得修行?"

至此我们明白,真正的平常心就是享受生活中的平凡和简单,只要能把心态放平稳,不被外界所干扰,就是拥有一颗真正的平常心。

平常心在某些时候所产生的力量是不可估量的。一般来讲,保持一颗平常心可以有以下几种好处:

1. 平常心可以增加个人魅力

拥有一颗平常心的人往往是一个宽宏大量的人,对待别人的错误或者是误解往往都是淡然一笑,不予理睬。他们并不是看轻对方,而是一种无声的谅解,他们在无形中对自己形象的维护达到了一箭双雕的目的,因此这类人的魅力也在这种无声的淡然一笑中传播开去。相比之下,和对方大吵大闹的人自己也好不到哪里去!俗话说,和一个疯子争吵的人不是疯子就是神经病。另外,能对对方的赞扬采取一种平和的心态,不断然拒绝这种恭维,也不欣然接受这种赞扬,他们想表现的只是自己这颗温和的心。因此这类人的人格魅力于无形中已经在对方心中留下了很深的印象。

2.平常心可以给人留下诚信的印象

没有平常心的人往往是一个爱慕虚荣的人，每天为了张扬自己而说各种冠冕堂皇的话，做各种各样违心的举动，久而久之就给周围人一种不诚实的印象，特别是在名和利的诱惑下，他们更是把持不住自己，不顾信誉做一些鸡鸣狗盗之事。

而拥有平常心的人则完全相反，他们做人光明磊落，做事坦坦荡荡，不虚假也不掩饰，更不会在名利面前乱了手脚，去做一些有损名誉的事情。他们把名誉看得比什么都重，绝不会有意去损毁自己的名声，因此，这类人往往会给对方留下诚信的印象。

3.有一颗平常心，可以让我们正视自己的缺点和不足，并时刻进行反省

拥有平常心的人并不会掩饰自己的缺点，相反，他们会把一个真实的自己摆在别人面前，希望周围人能给他们挑出不足。他们懂得要时时进行自我反省，才是真正对得起自己。换句话说，就是能把自己看得很清楚，并不断地进行自我反省。

这类人比较理智，他们一般很少犯错误，因为他们很了解自己，很了解自己的优点，也很了解自己的缺点，他们完全可以做到非常自然而不受任何约束，知道自己该做什么，能做什

么，也知道怎样做更符合自己的个性。人生并不是完美的，但是保持一颗平常心将是你走向完美的动力。

4. 平常心可以让你的生活充满快乐

生活并不能一帆风顺，有成功，也有失败；有开心，也有失落。如果我们把生活中的这些起起落落看得太重，那么生活对于我们来说永远都没有欢笑。

比如说在生意场上，有时亏损，有时赚钱，这并不完全是环境的缘故，也不一定是运气的原因，亏损可能仅仅是经营方法上出了问题，如果我们没用平常心去对待这一切，相信这样的生活肯定没有阳光。

5. 拥有平常心，可以让你正确地对待失去的东西

曾经有句话说得好——"不要为打翻的牛奶哭泣"，说的就是我们应该如何去面对已经失去的东西。有了平常心，我们根本就不会哭泣，因为我们知道，世界上不管什么东西都不是永恒的，即便我们对它们有多么的留恋，也不能制止这种逝去。因此，平常心在这个时候扮演的往往是一种协调剂的作用，能让我们很快地从失去的"阴影"中走出来，去追求下一个目标。

6. 拥有平常心，我们可以减少忧虑

现代人的疾病不仅仅是生理上的疾病，更严重的还是心理上的疾病，而心理上的疾病大多是由忧虑所引起。有医生指出，

医院里一半以上病人的病情都是忧虑引起的，或者因忧虑而加重了病情。而过后我们往往会发现，先前我们所忧虑的事情简直是小题大做，甚至是荒谬可笑的，只是因为当时缺乏这种平常心的调节而导致心不平、气不和。比如说，有人会为几乎不可能得的病、几乎不可能发生的变故、几千次交易中才可能发生的一次问题感到忧虑。

7. 平常心可以减少我们心中的仇恨

人生在世，很大一部分不快乐是因为别人对自己不尊敬或者不欣赏所引起的。我们之所以有这种愤恨的感觉，是因为我们想在对方面前表现自己或者是超越对方，达到对方所没有的境界。可是万万没有想到的是，对方竟然根本不给自己面子，甚至是让自己的面子蒙羞。因此，我们难免会产生记恨心理。

如果我们具备了平常心，做到"宠辱不惊，去留无意"，那么我们哪来这么多的烦心事？没有这么多的烦心事，又哪来这么多的仇恨？

8. 拥有平常心，可以让你更好地走向成功

一个人的成功往往少不了别人的帮助。俗话说得好，"一个篱笆三个桩，一个好汉三个帮"。因此，一个人的成功其实是一个团体的成功，特别是在企业里面，一个领导的成功，必定少不了手下的帮忙，因此如何做一个好领导，成为了一个日益

尖锐的问题，经过研究发现，那些经常跳槽的员工最主要的跳槽理由并不是薪水问题，而是领导问题。领导无方，甚至是不识贤人而任用庸人，这类领导往往被小人谄媚，轻信谗言而误了大事。不管什么原因，归根结底就是这些领导没有一颗平常心，在小人的蛊惑下，虚荣心膨胀，最终导致贤人不用。

人无完人，如果这些领导能有一颗真正的平常心，让下属们畅所欲言，让部属了解自己的缺点，并请他们弥补自己的不足，试想，这又会是什么结果呢？

说到底，平常心不过是"无为、无争、不贪、知足"这些观念的汇总而已。作为一种处世态度，它亦可进一步被解释为淡泊之心、忍辱之心和仁爱之心。其中的无为并不是无所作为，无争也不是不同恶势力抗争，而是一种心境、一种境界。

另外还有四种平常心，即为善不执是平常心，老死不惧是平常心，吃亏不计是平常心，逆境不烦是平常心。不管什么样的平常心，都是一种生活的馈赠，你拥有了，生活就会平静，而如果你失去了，那么道路就会变得坎坷，人生也从此不再平静。

心态积极是生活好的根本保证

拿破仑·希尔曾讲过这样一个故事：

第一章 好心态最重要

塞尔玛的丈夫奉命到沙漠里参加演习，塞尔玛为了陪丈夫就跟着丈夫来到沙漠的陆军基地。白天丈夫参加演习，她就一个人留在营地的小铁皮房子里。谁都知道，沙漠的白天温度很高，天气热得让人受不了。最让她难受的是她没有任何人可以聊天，因为身边只有墨西哥人和印第安人，而他们根本就不会说英语，而塞尔玛也不会西班牙语和印第安语。每天她唯一能做的事情就是盼望丈夫早点回来，可是时间似乎总是过得很慢。她非常难过，于是就写信给父母，说她想要抛开一切回家去。

父亲的回信很短，只有简单的两行，可是就是这两行字却永远留在她心中，甚至完全改变了她的生活。那两行字是这么写的："两个人从牢中的铁窗望出去，一个看到泥土，一个却看到了星星。"

父亲的回信短促而有力，却让她心头一颤，塞尔玛终于明白了父亲的良苦用心，惭愧之至的她决定要在沙漠中找到星星。

于是塞尔玛开始努力和当地人交朋友，而当地人也很热情地和塞尔玛交流，他们的反应使她非常惊奇。渐渐地，她开始对当地人的纺织、陶器产生了兴趣，而当地人也很大方地把自己最喜欢但又舍不得卖给观光客

人的纺织品和陶器都送给了她。塞尔玛研究那些引人入胜的仙人掌和各种沙漠植物,又学习了有关土拨鼠的知识。有时间的时候,塞尔玛还陪着当地人一起去观看沙漠日落,寻找几万年前这沙漠还是海洋时留下来的海螺壳。她的生活开始发生了巨大的变化,原来令人难以忍受的环境变成了令人兴奋、流连忘返的奇景。塞尔玛再也不会抛开一切回家去了,她开始喜欢上了这个地方。

故事讲完了,可它给我们的启发却刚刚开始——沙漠没变,人没变,甚至是所有的事情都没变,可是塞尔玛的生活却发生了巨大的改变,那到底是什么原因呢?

原因就是塞尔玛的心态发生了变化,就如同她父亲信中所说的那样,一个人看见了泥土,一个人看见了星星。先前急着要回家的塞尔玛就如同是那个见到泥土的囚犯一样,心态始终处在低迷甚至是颓废状态中,而最后不愿回家的塞尔玛则成了那个见到星星的囚犯,她的心态不仅变得积极起来,她整个人还变得开朗起来,不仅对当地人开始有了好感,对沙漠中的一切也都有了好感,并开始试着与他们进行深入的交往。

这就是心态的力量,小小心态的改变,将会给世界一个震撼性的新面貌。许多人成功了,还有许多人却失败了,在很大程度上，它并不完全依赖于一个人的真才实学，也不是依赖于一个人运气的好坏，而是要看这个人的心态到底是一种什么样的状态。只要是那些有着积极向上、不畏艰难险阻的心态的人，才能成功，也就能过上好日子，那时候的心情，也就自然而然地好了起来。

科学研究表明，在这个世界上，成功者少，失败者多。成功者活得充实、自在、潇洒，失败者过得空虚、艰难。究其原因，仅仅是因为这两类人的心态不同，特别是关键时刻的心态往往会决定一个人的命运。

失败平庸的人在面对困难的时候，心态是消极的，甚至是悲观的——我个人能力有限，我还是放弃吧。

而成功者却不一样，他们是越碰到困难就越会往里钻，只要一天不解决，他们的心思就在里面一天。他们经常能够以一种"我行，我要"的话语来激励自己，迫使自己的心态永远都保持着一种积极的状态，他们不断前进，也就不断成功。

在美国，有这样一种现象——移民成为百万富翁的概率是非移民的4倍，而且不论种族，不论男女，全无例外。而之所以有这样的结果，也就是因为一个心态的问题。

在美国，日常的生活对于那些非移民来说是一种司空见惯的事情，在他们眼中，每天上班下班，只要能糊口就行了。而

对于那些移民来说,特别是从不发达国家来的移民而言,这里简直就是一个人间天堂,不仅有高楼大厦,还有很多的工作机会在等着他们,只要他们愿意,甚至可以身兼数职,即便是最低微的工资,和不发达国家比起来,也算是高薪阶层了,并且这些移民在生活上力求简单节俭,他们把剩下来的钱都存起来。

逐渐地,这些移民就会发现,他们的生活开始赶上了那些非移民,生活的快感又激励着这些人更加努力地工作,每天都保持着一种积极的心态,不管遇到什么样的困难,他们都能轻松解决。最后,在这种心态的陪伴下,他们终于进入了百万富翁的行列。

人的能力是无限的,每个人能创造出来的价值也是无限的,可是为什么人与人之间有这么大的区别?为什么有的人像是生活在天上,而有的人却像是生活在地下?

拿破仑·希尔说得好——一个人的心态在很大程度上决定了一个人人生的成败,因为我们怎样对待生活,生活就怎样对待我们(生活对于每个人都是公平的,所有的不公平都是自己的原因);我们怎样对待别人,别人就怎样对待我们(人与人之间也是公平的,就如同一面镜子一样,你对它怎么样,它也就对你怎么样);我们在一项任务刚开始时的心态就决定了最后将有多大的成功,这比任何其他因素都重要(俗话说,好的开始就是成功的一半，如果一个人以一种消极的态度来对待开始，那么失败是在所难免的）；人在任何重要组织中的地位越高，就越能找到最佳的心态（人的心态不仅需要自己调整，还要靠别人来协助，因此我们得学会表现自己）。

一个人的生存环境，不仅能影响到这个人的心理，还会对一个人的精神产生影响。自己的精神世界都是要靠自己的心态来创造，一个心态好的人就会创造一个好的环境；相反，一个心态不好的人就很有可能会创造绝境。

另外，保持一种积极的心态，可以在很大程度上激发一个人的潜能。

一个人的潜在能力是无限的，一般人只是发掘了自己的一部分潜能而已。比如说一个文盲，或者是一个体力劳动者，如果他们能保持一种积极的心态，他们就会开始学习一些文化知识，开始读一些书，如果他曾经读过一些书并能保持积极心态的话，他就能学到一些科学知识；他也可能是一个技术工人，如果他一直保持这种积极心态，那么他就会读更多的书，也就可能成为一个高级技工或管理者，到最后，如果他读的书足够多，那么他可能成为一个对国家举足轻重的科学家。

相反，如果是一个对国家举足轻重的科学家，如果他的心态是消极的，甚至是颓废无为的，那么他就不可能做出对国家、

对这个社会有用的贡献。长此以往的话，他就会成为一个对社会无用的人，社会也将抛弃这种人，到最后，他的生活根本就比不上那个一直保持积极心态的文盲。

这就是心态的力量。

积极的心态能挖掘一个人的潜能，而消极的心态能埋没一个人的才能。一个人要想让自己生活得更好，首先就得让自己的心态处在一种积极的状态中。

什么心态指引什么方向

拿破仑·希尔告诉人们，如果一个人要想成功，就必须得先认识自己的隐形护身符。每个人身上都有一个护身符，而这个护身符有两面：一面就是积极的心态，而另一面就是消极的心态。

如果说一个人能真正摆脱心态对自己的影响，只有一种可能，那就是这个人已经死了。因此，现实生活中的人一定都会或多或少地受到各自心态的影响，而影响的大小则依据个人的心理素质不同而表现各异。

那么，心态到底是如何影响我们的？又是如何决定我们的心态的？心理学对此有专门的解释。

按照行为心理学来说，当我们的心里萌发一种想法之后，如果现实允许这种想法的实施，那我们就会很容易地把这种美好的想法付诸行动。如果这个时候，能有一种好的信念或者是心态来支持这个想法，那么我们就能更好地实施这个想法，而这个想法的逐步实现也就更能强化这个信念。

举个例子来说，假如我们有一个好的心态，那么我们就能很好地完成自己所承担的工作。这个时候，我们会不自觉地发现自己在工作中充满了信心。如果我们能经常朝这个方向努力，那么在以后的工作中，我们就会发现，这种得来全不费功夫的自信会随时陪伴在我们身边。这就是我们的心态，它改变了我们的行动，而我们的行动则又进一步增强了我们的心态。

如同异性之间的喜欢，如果一个人对身边的某个异性有了好感的话，就会产生一种想要和她/他交往的心态。一旦和对方接触，这种心态就会让自己产生一种无名的激情，这种激情也时刻影响着对方，令对方也在无形中产生这种心态，这是情绪和行为相互作用的一种反应。因为当一种心态已经确实存在后，我们的行为就会加深它。这也就是为什么有的孩子或女人越哭越伤心的最合理的解释了，因为哭的行为与哭的心态相互影响，而哭的心态又进一步加深了哭的行为。

当我们有了一个成功的心态后，就会认为自己有能力成功，

也就会从心底里认为，只要经过自己的努力，不管在哪个方面都能取得成功。因此，人不要因为自身条件的不好而放弃追求成功的行动，只要我们能好好地运用积极心态，就可能到达成功的彼岸。反之，不论我们的自身条件如何优越，所遇到的机会如何好，如果我们没有积极的心态，也是会失败的。

美国总统富兰克林·罗斯福就是一个成功的例子。

小时候的富兰克林·罗斯福是一个胆小并且心理脆弱的小男孩。如果在学校被叫起来背诵课文，他就立即会双腿发抖、嘴唇颤动，并且回答得含混不清。因此，他的脸上总有一种惊惧的表情，甚至连呼吸也变得像喘气一样。更让别人为他感到悲哀的是，他竟然没有好看的面孔，因为他长着满口的龅牙。

假如这种情况发生在其他的小孩子身上，那么这个小孩在心底里一定会很敏感，并回避任何集体活动，性情变得很孤僻，不喜欢交朋友，成为一个没人关心、没人在意的人！

可是这种情况发生在罗斯福身上，所以，情况有了很大的不同。因为他一直保持着一种积极的心态，而正是这种心态最终激发了他的奋斗精神。

一个人的缺陷促使一个人更努力地去奋斗。罗斯福并未因为同伴的嘲笑而失去勇气，恰恰相反，他把自己喘气的习惯变成了一种坚定的嘶声，用自己的牙齿咬紧自己的嘴唇而使它不颤动，从而克服了自己的胆小和怯懦，也正是这种奋斗精神使他最终成了美国一位伟大的总统。

　　罗斯福并没有因为自己有那么多的缺陷而放弃追求的努力，而是很好地利用自己的缺陷，最终走到成功的巅峰，成为美国又一个深得人心的总统。细究罗斯福的童年，正是这种良好的心态使他从来不落入自怜的泥潭。

　　另外，童年时代的罗斯福并不把自己当做小孩看待，而是要使自己成为一个真正的大人，以大人的标准来严格要求自己。比如说，当他看见很多大人游泳、骑马，以及参加各种体育活动的时候，他也就强迫自己去参加，即便没有得到允许，他也会进行其他一些激烈的活动，这样的行动逐渐使他自己成为一个吃苦耐劳的典范。当他和朋友在一起的时候，就觉得自己会不由自主地喜欢他们，而不是刻意地回避他们。也正是因为他的这种对人感兴趣的举动，让他慢慢地从自卑的阴影中走了出来。

美好人生需要好心态

经过自己的不懈努力，罗斯福终于有了系统的运动和生活规律，并借助这种生活将精力恢复得很好。进入大学以后，他利用假期帮人家牧羊，或者去狩猎，他以这种方法让自己变得更加强壮有力。也正是因为这一系列的改变，让他成为一个不再胆小，也不再是瘦弱的孩子。

细究他的成功之路，成功的主要因素在于他的心态和他的奋斗，其中最重要的还是他的心态。正是因为他的这种积极心态激励他去奋斗，他才能有最后的成功。

"我是自己命运的主宰，我是自己灵魂的领导。"这句诗告诉我们，态度会决定将来的机遇，其中无论态度是破坏性的还是建设性的，这个规律都会适用。

罗斯福总统的成功经验让我们明白了心态的重要性，它不仅能给人奋斗的力量，它更是一个人奋斗方向的指引者，有了这种指引，一切的成功只是时间的问题。

自信的力量无穷大

中国科大少年班被人们叫做"神童集中营"，但是如果有谁要到那里去寻找所谓的"神童"存在的证据，十有八九是要失望的。

"我的那些同学们，到今天，有些很棒，有些很平常，还有的不怎么好。"亚勤这样评价当年中国科大少年班的学生们，"所以要说这少年班究竟怎么样，我觉得现在评价还早。其他大学的少年班也一样。什么叫成功？什么叫失败？大家的标准不一样。我们这些人才30多岁，这个年龄的人很难讲是成功还是失败。"

在过去的25年里，中国产生了数以千计的"少年大学生"，最引人注目的并不是亚勤，在他之前，有一个孩子已捷足先登。

他叫宁铂，是中国大学少年班的"第一人"，不仅聪明伶俐，还很听话。中国人心中一个完美儿童的种种要素，他都有了。在一次偶然的机会中，他成了第一个少年大学生，也成了记者们追逐的对象。他们让这孩子出名，让这孩子成为"神童"，让这孩子放发出一种既神秘又炽烈的光，让这孩子成为全国儿童学习的榜样，也成为父母们教育子女的新模式。

宁铂和亚勤同在一个学校读书，但那时他的名声远在亚勤之上。"当时我们只知有宁铂，不知有亚勤。"三年后进入中国科大的李世鹏这样说，"可是很奇怪，20年以后，这两个人竟颠倒过来了。"宁铂成了人们心中的那种平凡的人，只有中国科技大学的人才知道他是这所学校里的一个老师，而亚勤的名字则风靡全世界。

美好人生需要好心态

亚勤有一次谈到这件事，仍然觉得宁铂比自己更聪明。"至少，"他说，"我不比宁铂更聪明。"

宁铂的不幸在于，人们加诸他身上的荣耀和期望过于沉重。他那时候毕竟还是个孩子，无法承载那么多的东西。他开始担心自己的能力，害怕失败。他觉得自己无法承受失败，因为没有人会接受一个"神童"的失败。他由此失去了"神童"身上最神奇的一个东西——自信，甚至对自己渴望得到的东西也畏首畏尾，不敢伸手去拿。

他总是想："万一失败了呢？"

大学毕业之后，宁铂在内心里强烈地希望报考研究生，但是他一再放弃了自己的希望。第一次是在报名之后，他放弃了；第二次是在体检之后，他又放弃了；第三次，他甚至领取了准考证，但是在走进考场的前一刻，他又放弃了。他后来再也没有为自己争取到类似的机会。

亚勤后来谈到自己的同学时，感到异常惋惜：

我相信宁铂就是在考研究生这件事情上走错了一步，他如果向前迈一步，走进考场，是一定能够通过考试的，因为他的智商很高，成绩也很优秀，可惜他没有进考场。这不是一个聪明不聪明的问题，他也许是怕考不好就丢了面子，所以我说他做错了判断。

　　这都是一念之差的事情。那一年高考，我病在医院里，其实完全可以不去参加高考，可是我就少了一些顾虑，多了一点自信，所以做了一个很简单的选择。而宁铂就是多了一些顾虑，少了一点自信，做了一个错误的判断，结果才能不能发挥出来，真是很可惜。到后来，很多机会他都不敢去尝试。那些敢于去尝试的人一定是聪明人，他们不会输。因为他们会想："即使不成功，我也能从中学到教训。"所以，只有那些不去尝试的人，才是绝对的失败者。

有时候我们回过头看看过去，对比周围形形色色的人，就会发现，有些人比自己更聪明、更杰出，那不是因为他们得天独厚，事实上，自己和他们一样好。如果自己今天的处境与他们不一样，只是因为自己的精神状态和他们不一样。在同样一件事情面前，自己的想法跟反应和他们不一样。仅仅是这一点，就决定了事情的成败，以及完全不同的成长之路。

功德心常在

外出旅游时,经常能看到许多人往寺庙的功德箱内捐钱,没错,那是一种"舍"。然而,他们其中有些人在捐钱的时候,只是为了验证一句话——"破财免灾",希望佛"收到"钱后能为自己消灾降福。他们有得失之心和欲望之心,那么,他们的愿望便不太容易实现了。因为,佛教的第一课就是断欲(断除念头),因此,他们的钱只会用来进行寺庙的修缮,替那些僧人改善伙食,更多的功德,恐怕也就与之无缘了。

梁武帝问达摩:"我修建了许多寺院,布施了很多钱财,请问,我是否有功德?"达摩回答说:"无功无德。"梁武帝听后大为不解,且面露怒容,要追究到底。达摩说:"陛下修寺度人,本有功德,可如果将这些事成天挂在嘴上,心里想着自己做了些什么,就等于要求认可和回报,那么本来有功之事便化为乌有。"

达摩其实就是在阐述"舍得"之心。《金刚经》里讲得也很清楚,"菩萨布施不住于相"。其实菩萨只是个称呼,人人可做,那么怎样做才叫菩萨呢?就是"不住于相"。什么叫"不住于相"？就是无心而为。像梁武帝那样，虽然做了许多事但要求回报或说法，就是有心而为，那么心是无量的，也是万法之本，既然心已经设定了回报的内容，就等于将无量的功德限制在一个有限的狭隘范围内。智者只求功德，不求福报；凡夫只求福报，不求功德。

那么，怎样才能做到无心而为呢？为此，舍，要做到没有设定，即"无心之舍"。这怎么理解呢？举一个例子，男女青年在谈恋爱时都有一种体会，如果某男在追求女孩子的过程中，总把自己的付出挂在嘴边，其实就是希望女孩子能够领情，暗示对方一定要回报自己。试想，如果你是那个女生，你会怎么想？反之，如果这个男的只是在付出，没有对女生暗示自己的所作所为以图回报，甚至有些事还不让对方知道，那又是什么效果？

我们还可以想想：在单位，我们最喜欢哪种人？是那种总念叨自己成绩的人，还是那种默默工作的人？在家，我们最能理解那种成天唠叨个没完、总把自己的付出挂在嘴边、生怕别人不知道自己存在的父母，还是那些默默无闻、充满微笑的长辈？

因此，聪明的舍是无心的，同时，他会得到最宝贵的收获——人心。然而，这里要说明的是，无心之舍不等于一味地付出和牺牲，而是要顺应变化，起码要根据自己的实际情况，按成本

而舍，绝不能透支。为什么呢？因为如果透支了，会给对方造成压力。比如一些男生为了追求心仪的女孩子，拼命地写情书、送礼物，而根本无视对方的生活节奏、性格特征、家庭关系和工作性质等因素，他只是要付出、要所谓的追求，但结果往往是竹篮子打水。因为他的表现给女生的感觉只有一种，那就是示威和强迫，即我用自己的方式对你好，你若不领情，便会理亏。你也许会因为无法承受这个压力而被迫迁就于我，我便得手了。这就是有心之舍。

还有一种人在下班后拼命地加班，上班时也十分玩命，他的表现和情绪会让周围的人有压力，因为他过于与众不同，所以往往费力不讨好。这种人一般都会带着两种心态：一种是想证明自己比别人强，或称为"翻身情结"；一种是逃避现实或对现实不满，表现为不放心他人，凡事非自己来不可。这也是有心之舍，效果也不会太好，就算有的老板欣赏他，给他加薪或提职，那也只是让他更多地消耗自己。不过，聪明的老板不会如此，因为他应该知道，一旦这位"劳模"的付出没有得到相应的认可或物质兑现，他的抱怨会比一般人强烈得多。

所以，真正的舍与得是平衡的，只不过智慧之舍是在舍的同时已经获得，或获得的更多。

其实你可以不生气

美国有一位社会问题专家曾经对1000名年轻的白领做过一项"一天你生多少次气"的跟踪调查。结果发现，10%的人会生8次以上的气，72.5%的人会生5次以上的气，10%的人会生2次以上的气，仅有的7.5%人表示一天之内自己不会生气，或者记不清自己曾经生过气。

从调查结果看来，生气似乎成了人们生活中的"必备品"。其实不然，只要稍加调整，你就可以发现原来今天可以不必生气的。

我们不能选择每天经历的命运，但是每天的心情，我们可以自己选择和调控。是否生气，我们也可以做出选择。你选择戴上乐观的眼镜，你会看到世界处处鸟语花香；你选择戴上悲观的眼镜，你看到的世界将是一片狼藉，处处充满硝烟和灰色。

汤姆是一家餐厅的老板，这里的员工和顾客都很喜欢他，因为他总是有好心情。当别人问他最近过得怎么样时，他总是回答说："如果我再过得好一些，那我真的比双胞胎还幸运了！"

有个员工曾经问他："为什么你每天都那么积极乐

观,你是怎么办到的?"

汤姆回答:"每天早上我起来告诉自己,今天我有两种选择,一种是选择好心情,一种是选择坏心情。我又不笨,当然会选择好心情了。"

员工还是不理解,又问:"如果遇到了烦心事呢?"

汤姆接着回答:"生命就是一连串的选择,每个状况都是一个选择。如果遇到了烦心事,我会往积极的方面去想。"

不久,汤姆真的遇到麻烦了。有两个歹徒闯入餐厅抢劫,汤姆因此而受了伤,有一颗子弹留在了他的身体里。

汤姆的身体恢复后,员工又问他:"中弹后,你还那么乐观吗?你害怕吗?"

汤姆笑了笑说:"他们击中我之后,我躺在地板上。当时我有两个选择,生,或者死,我当然选择活下去。把我推去手术室时,医生和护士的脸上充满了忧虑的神情,好像已经把我当成死人了。后来医生问我对什么东西过敏,我干脆地回答——子弹!结果医生和护士都笑了,轻松地为我做了手术,把我抢救了过来。"

无独有偶，约翰·史密斯是全美最长寿的老人之一，活了 116 岁。有记者问他长寿的秘诀是什么的时候，约翰·史密斯答道："不生气。"记者接着问道："怎样才能不生气呢？"

约翰·史密斯笑着回答道："在生气逼近我的时候，我总是习惯逃遁，我选择不生气。天气阴晴我掌控不了，但是我可以选择自己的心情。"

可见，当坏情绪袭来的时候，你完全有能力选择躲避或淡化它，而不是让自己深陷其中。换句话说，心情是可以自己控制的。

盛怒爆发的时候，我们应该适当采取一些积极有效的措施来控制自己的情绪。在遇到较强的情绪刺激时，应强迫自己冷静下来，迅速分析一下事情的前因后果，再采取表达情绪或消除冲动的"缓兵之计"，尽量不使自己陷入冲动鲁莽、简单轻率的被动局面。

比如，当你被别人无聊地讽刺、嘲笑时，如果你顿显暴怒，反唇相讥，则很可能引起双方争执不下，怒火越烧越旺，自然于事无补。但如果此时你能提醒自己冷静一下，采取理智的对策，如用沉默为武器以示抗议，或只用寥寥数语正面表达自己

受到伤害，指责对方无聊，对方反而会感到尴尬。

维塔斯瑞总是爱发脾气，因此在学校里经常惹祸。

有一天，维塔斯瑞生日的时候，父亲送给了他一个怀表计时器，父亲对他说："你每次生气想要爆发的时候，请对着怀表默数30秒。"

维塔斯瑞按照父亲说的做了，后来生气的次数越来越少，到最后，维塔斯瑞竟然成为学校里脾气最好的人。

工作和生活重压下的我们往往控制不住自己的脾气，不合自己的心意就会火冒三丈，于是，距离我们最近的人往往成了我们的出气筒，我们总在不知不觉中伤害着他们，留下无法弥补的伤痕，并且让事情越发糟糕。

生气把我们变成一头愤怒的狮子，忘了自己的目标和方向，忘了理智分析，只剩下伤人的刀剑相向。解决这种问题的最好方式就是像维塔斯瑞一样——生气前先冷静30秒，想想自己为什么生气，值不值得生气，是不是有比生气发火更好的解决问题的方式。

生活中的矛盾实在太多了，"诱惑"你生气的原因比比皆是，我们每天都能碰到不愉快的事。如果一个人常常为了一些鸡毛蒜皮的小事，就开始厌烦、生气，这样就不可能保持健康的情绪状态。专家们为爱生气的人提供了一些"不生气的秘诀"。

首先，要消除生气的内因。不要自欺欺人地认为自己是"不犯错先生"，不要认为自己在所有方面都最高明。有些爱生气的人就是害怕自己不如别人，想突出自己的努力和成就，但获得的往往都是痛心的失败，导致烦恼、不满、生闷气。不生气，就要虚怀若谷，降低自身的姿态，倾听别人的意见。

其次，要学会让步。许多爱生气的人总是固执己见、任性和自我。避免生气，就需要学会合理让步，这不仅对事情的发展和问题的解决有益处，而且也会赢得别人的好感和爱戴，最终使生气的因素荡然无存，还自己一个"太平世界"。

最后，学会逃避和倾诉。心里有不愉快的事，不要独自琢磨，暂时逃避一下是一个上上策，让时间去冲淡你生气的理由。如果你还要继续生气的话，不妨找个亲朋好友，乃至陌生人谈谈，这对你自己大有益处。

要有一颗快乐的心

就算有一万条苦闷的理由，也要有一颗快乐的心。人生尽管充满种种意外，或被客观的环境所困，或因丧失自己一直引

美好人生需要好心态

以为豪的优势,但不论面临哪种困境,都要有一颗快乐的心,坚信困境正是激发自己发展起来的契机。只要能保持镇定乐观的心态,不被悲伤压倒,那么所有苦闷的理由都仅仅是快乐的前奏。

只收藏生活中美好的部分,是一个人明智和豁达的表现。个性乐观者能够淡定地看待生活的起伏,因为一颗快乐的心就能够将所有的烦恼和苦闷幻化成生活的多彩滋味,给自己一份愉悦,送别人一份轻松。

一位对生活极度厌倦的绝望少女,感觉到自己生活的环境糟透了:到处是垃圾和没有多少人烟的荒凉,附近的建筑工人也都是没多少文化的,晚上回来总是乱哄哄的。她每天的心情都很郁闷。她有个邻居是个画家,他每天去湖边作画。

一天,她在湖边遇到了这位正在写生的画家,便在闲聊中说起了她的烦闷。

画家似乎没有注意到少女的情绪,依然专心致志神情怡然地画着。一会儿他说:"姑娘,来看看画吧。"少女心想:住在那样糟糕的环境里,还有心情画画?她走过去,满不在乎地看了一眼画家和画家手里的画。

没想到少女竟被画面吸引了。她真的没发现过世界上还有那样美丽的画面——他将垃圾场画成了美丽的公园,将荒凉的秃山画成了依山而建的别墅。最妙的是,建筑工们竟手拿了6个馒头,蹲在墙角,一脸稚气地笑着;湖边还有个雕塑,是那个建筑工人的孩子在妈妈的怀里微笑。良久,画家突然挥笔在这幅美丽的画上点了一些黑点,少女惊喜地说,星辰和花瓣!

画家最后将这幅画命名为《生活》。少女感到心里像放下一块大石头一样轻松,心灵也随那袅袅婀娜的云升上天空……她问画家:"你是怎么画出来的?"画家笑着说:"我每天只记住生活中美好的东西。你难道没发现身边的美丽?这里是即将建成的大型生态园。身边的建筑工们今天填土,明天绿化,不就是美好生活的建设者吗?用心只记这些美好的东西,生活不就是充满希望和快乐了吗?"

决定幸与不幸、快乐与痛苦的,不是我们的处境,而是我们的心态。不管发生了多么令人不愉快的事情,都要保持阳光心态,勇敢面对。可以说,生活中的忧愁和快乐在于自己的选择,只在心里记住生活中美好的部分,日子就是温暖和快乐的,自己就会永远生活在春天里。即使保持一万条苦闷的理由,也

美好人生需要好心态

要有一颗快乐的心,接受事实、享受事实,同时善待自己、善待别人。

古时候,在一个村庄里,或许是天灾人祸所至,村民们不论老少,都过得浮躁不安,闷闷不乐,今天打架,明天骂街。族长为此很烦闷。

一天,他不知从哪里得知终南山一带生长着一种快乐藤,凡得此藤者,皆喜形于色,终日不知烦恼。于是,他便拄着拐杖召唤来一位精干的小伙子,吩咐道:"你速去终南山,务必把快乐藤采来!"小伙子听说有这样的宝贝,一刻也不敢停留,备足干粮,策马扬鞭,直奔终南山。

经过风尘仆仆的奔波后,小伙子来到水沛草美的终南山麓。四处寻找后,他发现了一处藤萝缠绕的小屋。那里,一位身穿布衣的老者正在砍伐木柴,面挂喜色,不知疲倦。小伙子急忙毕恭毕敬地上前询问:"老师傅,听说这里有快乐藤,可是这小屋周围的藤萝?"老者答道:"正是,我自居此以来,每天都很快乐。"小伙子说:"我受族长之托,千里奔波,就是为全村寻找此藤,可以送些给我吗?""当然。不过仅凭借几株藤萝无法长久快乐,关键是要栽种快乐的根。"老者回答。

"在泥土中栽种吗?"小伙子问。

"不,栽种在心里。"老者回答。

小伙子听后,恍然大悟,心满意足地跨上征程。回村后他把老者的嘱咐告诉村民,村民们抛弃了心中的烦躁,以积极的心态生活,最终就得到了快乐。

只要心中装满快乐,到哪里都会生长快乐的藤萝。人活的就是好心情,心情好比什么都重要。

那么面对纷繁的生活,怎样才能拥有一颗快乐的心呢?不妨从以下几方面做起。

(1)转移法。当发现自己陷入不良情绪时,最好的办法是马上停止手头的工作,找一件自己喜欢的事做,或者干脆停下来,出去走走,听听音乐,看看风景,也许不久你就会豁然开朗。如果有足够的时间,也可以选择外出度假、远足等,这些都是放松身心的好方法。

(2)淡化法。时间可以冲淡一切。当遇到不顺心的事时,千万不要沉浸其中,否则你会越想越气,无法自拔,甚至会因一时冲动做出傻事。此时最好的处理方法是先不要理会这件事,当时间的流水浇灭愤怒的火苗后,再回过头来处理,此时你会更客观、更冷静地分析解决问题。

(3)心理暗示法。在情绪极度激动时,千万不要做任何决

定,否则事后容易会后悔。当感觉自己忍无可忍,即将爆发时,可以在心里不停地告诉自己:"一定要冷静,不能发火。"还可以做深呼吸,将一腔怒火排出体外。这种积极的心理暗示能够阻止自己在冲动时,做出错误的决定,同时有利于调节心情。

(4)条件反射法。有益的联想可以帮助人们克制消极情绪。在感觉自己生气时,可以回想一下那些曾经使自己愉快的事;多和一些积极向上,幽默风趣的人交往;有意识地多笑笑,可能你会发现自己的心情突然就好起来了。

快乐存在于一个人的内心,是一种心灵体验。心中有快乐,眼中有美好。快乐很简单,无须过多的物质来粉饰,也不需要处心积虑地争取,其关键取决于积极向上的心态。

生活中,虽然快乐的表现形式不一,有些是物质方面的,有些是精神方面的。但生活是公平的,给予每一个人的欢乐都不多也不少,因此不必总是羡慕别人的拥有,要学会给心灵储存快乐,保持一颗快乐的心,自己完全可以把自己的生活过得丰富多彩,有滋有味。

活出快乐,如何拥有好情绪、如何控制自己的情绪,是一门生活的艺术。掌握了这门艺术的人,能够从容不迫地迎接生活的挑战,能够以冷静、沉着、勇敢、坚定、乐观等积极的态度应付各种人际矛盾和社会压力。只要经过自己的努力锻炼和不断实践，每一个人都可以掌握这门艺术，学会控制自己的消极情绪。

　　人生就是在苦乐年华中度过的，所以，现实生活虽然没有我们想得那么美好，但也不是那么可怕。对同样的事，人可以产生不同的情绪，人的情绪的质量就是生活的质量。所以，拥有好情绪的人，就拥有高质量的生活。我们要学会在生活中寻找和培养尽可能多的好情绪，以此来改善和提高情感的质量。

第二章　另一道风景线

生命无可替代

胡春香是一个乡下女子。与其他普通的乡下女子一样，她拥有一个温馨、甜蜜的家，丈夫健壮高大、体贴入微，膝下一对儿女活泼可爱、好学上进。

然而，胡春香却是一个天生就无手无脚的人，她的手脚末端看上去只是一个个圆秃秃的肉球。八岁那年，她想放弃生的权利。可是，由于身体没有四肢的支撑，她竟然连死都不能。她用头撞墙，结果也只是把自己弄得血肉模糊。后来，她又开始绝食。但当她看到母亲伤心欲绝的样子，想到了母亲抚养自己的艰辛，于是她便毅然决定活下去。

胡春香从拿筷子开始训练。她日复一日地训练，两个肉球上不知留下多少血痕，也不知磨出多少趼子。直到九岁那年，她终于用筷子夹起了第一口饭。

这以后，她又开始学走路。先将两条腿直立于地面，努力保持身体的平衡，就这样每天坚持训练。不知摔过多少跤，流了多少汗水，身体与地面接触的部位起过血泡又起厚趼。十岁那年，她终于学会了走路。

也就在这年，她开始渴望读书。在父母及老师的帮助下，她终于如愿以偿，成了村上小学的一名编外生。她不论寒暑和风雨，总是早早到校。写字时，她得用手臂的末端先把笔夹住，然后再写，付出比常人多数十倍的努力。就这样，她上完小学，又上了初中。后来，她又自学了财务大专的课程。

1988年，云南省的一家工厂破格录用她为会计，她便开始了自食其力的生活。在厂里，她的工作做得也非常出色。

再后来，她像每一个姑娘一样，获得了自己的爱情，组成了家庭，并孕育出了爱情的结晶。

尽管生活对胡春香似乎有欠公平，她也曾经多次想要结束自己的生命；可如今,她觉得生命是那么珍贵,生活是那么美好。人的一生中，幸福与不幸并不是一成不变的。在人生的旅途中，不论你经历了多少艰难，遭遇了多少不幸，只要生命尚在就要顽强地生存下去。珍视生命，努力拼搏，自强不息，最

终一定会改变命运，拥有属于自己的幸福。

生命是可贵的，任何人都不应忽视、轻贱它，而应该珍视它、保重它。

每天都要感恩

一株微不足道的小草，能开出像海洋一样湛蓝的花。一只毫不起眼的鸟儿，在枝头唱出远胜小提琴的夜曲。在山里完全没有人看见的地方，一棵大树几千年自在地生长。在冰天雪地中仍有许多生命在那里唱歌跳舞，葆有永不枯竭的暖意。这宇宙里有无数的星球，我们的地球在宇宙之中有如整个海岸沙滩的一粒沙，那样不可思议的渺小。但在这样渺小的地方，有着生命、有着爱、有着动人的歌声，我们很幸运我们能拥有生命，拥有健康，拥有这个世界上的一切，我们在自由呼吸、畅享生命的每秒钟的时间里，我们除了愉悦、感动，就是感恩。

感恩的心是爱心，学会感恩的人，才会让爱的阳光充满心灵的每一个角落，用心感恩，感悟快乐，感恩生命。能够常常被生命中的平凡小事感动得热泪盈眶的人，都有着细腻的爱心。感恩是一种处世哲学，是生活中的大智。人生在世，不可能一帆风顺，种种失败、无奈，都需要我们勇敢地面对、旷达地处理。

当你一味地埋怨生活，爱心会从你身上一点点减少；当你充满感恩的心，你的爱心才会保鲜，才会成长。

对父母心存感恩，因为他们给予我们生命，让我们健康成长，他们的一次次牵扶，让我们在远离家乡的地方放飞理想；对师长心存感恩，因为他们给了我们教诲，让我们抛却愚昧，懂得思考；对兄弟姐妹心存感恩，因为他们让我们在这尘世间不再孤单，让我们知道有人可以和我们血脉相连；对朋友心存感恩，因为他们给了我们友爱，让我们在孤寂无助时倾诉、依赖，看到希望和阳光。

今天，你学会感恩了吗？如果有，请继续保持一颗感恩的心，并在别人遇到困难的时候，伸出援手，用爱心去帮助他；如果还没有的话，请学会用心感恩。

一个生活贫困的男孩为了积攒学费，挨家挨户地推销商品。他的推销进行得很不顺利，傍晚时他疲惫万分，饥饿难耐，绝望地想放弃一切。

走投无路的他敲开一扇门，希望主人能给他一杯水。开门的是一位美丽的年轻女子，她笑着递给了他一杯浓浓的热牛奶。男孩和着眼泪把它喝了下去，从此对人生重新鼓起了勇气。许多年后，他成了一位著名的外科大夫。

一天，一位病情严重的妇女被转到了那位著名的外科大夫所在的医院。大夫顺利地为妇女做完手术，救了她的命。无意中，大夫发现那位妇女正是多年前在他饥寒交迫时给过他那杯热牛奶的女子！于是，他决定悄悄地为她做些什么。一直为昂贵的手术费发愁的那位妇女硬着头皮办理出院手续时，在手术费用单上看到的却是这样几个字：手术费＝一杯牛奶。那位昔日的美丽的年轻女子没有看懂那几个字，她早已不再记得那个男孩和那杯热牛奶。然而，这又有什么关系呢？

感恩是什么？感恩是结草衔环，是滴水之恩涌泉相报；感恩是一种美德，是一种境界；感恩是值得你用一生去完成的一次世纪壮举；感恩，是值得你用一生去珍视的一次爱的教育；感恩不是为求得心理平衡的喧闹的片刻答谢，而是发自内心的无言的永恒回报；是感恩，让生活充满阳光，让世界充满温馨。用心感恩，从今天开始。

赠人玫瑰，手有余香

交友是人生的重中之重，它关乎一生的成败。多栽花少栽刺，多个朋友多条路,把朋友作为靠山,你的成功之路将会畅通无阻。

无论在人生的什么阶段,若有几个知心朋友真诚地帮助你,那么你的事业就会一帆风顺。朋友之间需要互相帮助,这样才能感受到友情的宝贵与温馨。

赠人玫瑰,手有余香,说的是,在无私帮助别人的同时,自己也会获得更多,获得更多有价值的生命体验,获得更强的人生动力。

无私帮助别人,就是一种爱,在什么时候都是人之情感中美好的东西。大爱,更是一个人在对世上事和物透彻看过悟过的高层次的思想境界。大爱,如普照万物之太阳,给芸芸众生以温暖。

这是美国东部的一个风雪交加的夜晚,推销员克雷斯的汽车坏在了冰天雪地的山区。野地四处无人,克雷斯焦急万分,因为,如果不能离开这里,他就只能活活冻死。这时,一个骑马的中年男子路过此地,他二话没说,就用马将克雷斯的小车拉出了雪地,拉到一个小镇上。当克雷斯拿出钱对这个陌生人表示感谢时,中年男子说:"我不要求回报,但我要你给我一个承诺。当别人有困难的时候,你也尽力去帮助他。"

在后来的日子里,克雷斯帮助了许许多多的人,并且将那位中年男子对他的要求同样告诉了他所帮助的每一个人。

6年后,克雷斯被一次骤然发生的洪水围困在一个小岛上,一位少年帮助了他。当他要感谢少年时,少年竟然说出了那句克雷斯永远也忘不了的话:"我不要求回报,但你要给我一个承诺……"克雷斯的心里顿时涌起了一股暖流。

陈光标就是无私帮助别人的典范。

陈光标把自己的财富、荣誉等看得很淡,思想中有的只是帮助别人,陈光标是一个无私的、纯粹的人。陈光标有过苦难的童年,对贫穷和饥饿有着可怕的记忆。他创造财富,却不把财富据为己有,而是广做慈善。高调做慈善的他希望通过自己的大力弘扬,能带动更多的和他一样的富人加入到行善的队伍中来,带动全天下有能力帮助别人的人以各种方式来表达善意。陈光标说:"一个人活着如果能影响更多的人,并能使更多的人活得更好,这样的生命是有价值、有意义的生命,是值得骄傲和自豪的生命。"陈光标也是世上最幸福的人。尽力无私帮助别人的人，是人的最高境界。

无私帮助别人，对自己的情绪健康，到心血管系统和神经系统都有益处。一项调查显示慈善志愿者普遍比较快乐，于是在 1979 年，心理学家首先创造了这个词"helpers' high"（行善后的欣快情绪体验）。

当一个人做了好事之后，他的大脑会产生多巴胺，同时会进行积极的思考。其次，人类大脑有其自身的吗啡和海洛因的原始版本：内源性阿片类药物，如内啡肽。据说，当一个人在做善事的时候，他会有一种化学水平的快感，这都要得益于这些内源性阿片类药物。

从身体上来说，这种益处来自神经系统和心血管系统的放松。与此同时，做善事对神经系统有益。在人体内最长的神经是迷走神经，它控制人体的兴奋。它起着保持人类心血管系统健康的作用。研究表明，行善之人有着更积极的迷走神经。

美国一项最新研究显示，无私参与志愿活动的人更长寿，出于私心参加志愿活动则无法达到同样效果。

美国密歇根大学研究人员分析"威斯康星纵向研究"收集的数据。"威斯康星纵向研究"随访 10317 名

第二章 另一道风景线

威斯康星州居民,从他们1957年高中毕业至今。2008年的数据显示,这些人平均年龄为69.16岁。

2004年,调查人员询问调查对象过去10年中是否参加过志愿活动、活动周期及参加心理。截至2008年的数据显示,出于利他动机参加志愿活动的调查对象死亡率为1.6%,出于实现自我满足等利己动机的调查对象死亡率为4%,完全不参加志愿活动的人死亡率为4.3%。

密歇根大学研究人员先前对400多对美国夫妇进行5年随访后发现,那些乐于助人的夫妇通常更长寿。

无私帮助别人不但是一种很快乐的事情,而且可以在不知不觉中累积人脉,如你在路上帮助别人推车、帮助别人拿东西,会不知不觉地增加自己的美誉度。同时能增加自己处理事情的经验。助人能使自己心胸开阔,能提高自己的组织能力、领导能力。不管你帮助的人是否认识、是否还有下一次见面的机会,对自己都是有利无害的,一定要记住:赠人玫瑰,手有余香。

朋友是风雨中的一把伞,是你成功时默默为你祝福的人。朋友的爱是你人生的一盏明灯,为你照亮前程,给予你长久的温暖和支持。别忘了,你成功是因为所有的朋友都在帮助并祝福你。

第二章 另一道风景线

刘备早期曾寄人篱下，没有属于自己的"地盘"。他通过桃园三结义等行动，把关羽、张飞等一批忠心耿耿的良朋好友团结到自己周围。

汉献帝建安六年（201年），刘备被曹操击败后，到荆州依附刘表，刘表让他驻军在新野。刘表这样做，是让刘备为荆州看守北大门。数年之中，没有发展，刘备郁郁寡欢。后来徐庶投奔刘备，刘备非常器重徐庶，对他加以重用。徐庶便决心对刘备尽忠尽力，他对刘备说："诸葛孔明是山中卧龙，将军不愿见他吗？"刘备说："怎么会呢？"徐庶说："这个人现在就能见，但不会轻易出山。您应该亲自前往。"声闻此言，刘备决定亲自前往，拜访诸葛亮，这才引出了一段"三顾茅庐"的佳话。

诸葛亮知道刘备是汉朝宗室中的贤者，又见到他如此真心求贤，认为他是个能够辅佐以定天下的明主。因此，当刘备屏退左右，向诸葛亮请教如何才能兴复汉室时，诸葛亮讲到，曹操已经拥兵百万，选择了"挟天子而令诸侯"的政治策略，目前不能立刻与曹操争锋，而应避其锋芒。诸葛亮深入、全面地为刘备规划今后的战略决策。刘备听后十分赞赏，很快任命诸葛亮为军师。

在诸葛亮的辅佐下,刘备终于扭转了以前的被动局面。按照诸葛亮所提的战略方针,刘备与孙权结为盟友,在赤壁一战中击败了曹操的南征大军,不久刘备又通过军事行动和外交手段,取得荆州作为立足之地。后来,刘备又攻取益州,终于建立起蜀汉政权。

众所周知,凭刘备早期的力量,根本无法与曹操、孙权抗衡,可他的过人之处在于深谙人际关系的重要性,能够团结一大批好友在自己周围,为自己效力。"桃园三结义"使身怀绝技的关羽、张飞为他效犬马之劳,"三顾茅庐"令杰出的智囊诸葛亮为他鞠躬尽瘁、死而后已。由此可见,刘备的江山是靠众人齐心协力打下来的。

对朋友好,使朋友成为自己的贴心人,这是很多人心所向往的,但真正做到的人却并不多见。很多人不善于处理亲朋好友的关系,结果友情夭折,甚至几十年的交情也毁于一旦。因此,一定要掌握与朋友相交的技巧,维持住好友这个靠山。

有一把雨伞撑了很久,雨停了还不肯收;有一束花闻了很久,枯萎了也不肯丢;有一种友情,相依相伴希望到永远,即使青丝变白发,也能常留心底。珍惜朋友,善待好友,携手共同撑起一片天,分享人生一路的美好。

从心理学的角度讲,每个人都有成为重要人物的欲望,每个人都希望得到别人的肯定与尊重。为人处世，学会成全别人的自尊，让对方知道你尊重他、在意他，让对方感受到自己的重要性，无意间其实又为自己的成功多铺了一条路。

美国一位著名企业家成功后讲起他的人生转折：

"那时我贫困潦倒，胸无大志，只能靠摆地摊卖铅笔，赚钱糊口。那天，一位衣着考究、举止不凡的商人模样的人来买铅笔，但他扔下一美元后，却忘了拿铅笔，就匆匆走进地铁车站。几分钟后，他突然又跑回来，对我说：'真对不起！我忘了拿铅笔。'我不解地问：'看你的模样是有钱人，不会在乎这一块钱，何况进地铁车站还要买票，你为什么宁愿误车，也要专程跑出来呢？'这位商人的回答令我终生难忘，他这样说：'你是一个商人，而不是一个乞丐，乞讨我一美元。做生意就要买卖公平，我给了钱，自然要拿你的货。'听了这话我激动万分，我以前一直都像一个乞丐在生活，是他告诉我，我是一个真正的商人。从那天起我就放弃了犹如乞丐的生涯，努力去做一个真正的商人。开始四处求职应聘，努力工作，最终成就了现在的事业。

"几个月后，当我西装革履地去参加当地名流的一

次聚会时,我一眼就认出了他。我走过去感激地伸出我的手,他茫然不解地看着我,我对他说:'也许你已经忘了我,但我这一生都忘不了你,是你让我懂得,我是一个真正的商人,你的一句话改变了我的一生。'"

人与人交往时,只有尊敬对方,交际活动才能顺利进行。应努力让对方感受到自己的尊严。

施舍是一种善行,既施舍又能维护受施者的尊严,就是双倍的善行。

"廉者不受嗟来之食",在施舍别人的同时设身处地地考虑到对方的尊严和感受,将会使善事更加圆满。

烦恼谁都有,自寻烦恼没意义

有一位女士,遇上一点不顺心的事情,就胡思乱想,给自己制造烦恼。舞场上男士没有邀她去跳舞,她心里烦恼;年终没评上先进她也心里烦恼;碰上某个领导没有向她打招呼,她还烦恼……烦恼一来,她就会好几天精神不安。

当她察觉到烦恼给自己带来高血压、心脏病时,后悔不已。她想克制自己，但烦恼一来，又无法克制。

后来有人建议她每天写20分钟日记，把消极的情绪忠实地写在日记里。还告诉她，这个日记是写给自己的，既要写出正面，也要写出负面。这样就可以把消极情绪从心里驱走，留在日记里。

从此以后，这位女士坚持记日记，通过记日记来宣泄自己的烦恼，遇上自己爱猜忌的事，便在日记里自己说服自己。

她曾在一篇日记里写道："今天我在楼梯上向某局长打招呼，可某局长阴着脸，皱着眉头，看也没看我一眼。我想他的态度冷漠不是冲着我来的，八成是家里出了什么事，要不然就是挨了上级的批评。"在日记里这么一写，她心里的疑团一下子烟消云散了。

她还在另一篇日记里提醒自己："我翻阅上月的日记，发觉那时的烦恼现在完全消逝了，这说明时间可以解决许多问题，也包括烦恼在内。如果以后我遇上新的烦恼，就要不断地提醒自己：现在何必为它烦心，我何不采取一个月后的忘却状态来面对眼下的烦恼。"

有这样一个故事：

美好人生需要好心态

有一个年轻人,划着小船,给客户送货。那天骄阳似火,年轻人汗流浃背,苦不堪言。他心急火燎地划着小船,希望赶紧完成运送任务,以便在天黑之前返回家中。

突然,年轻人发现有一只小船向自己迎面快速驶来。眼看两只船就要撞上了,但那只船并没有避让的意思。"让开,快点儿让开,再不让开你就要撞上我了!"年轻人大声向对面的船吼叫道。

但是,他的吼叫完全没用,尽管他手忙脚乱地企图让开,但为时已晚,那只船还是重重地撞上了他。年轻人立刻勃然大怒了,他厉声斥责道:"你瞎了眼啊,这么宽的河面,你竟然撞到了我的船!"当年轻人怒目审视那只船时,他吃惊地发现,小船上空无一人。

当你责难、怒吼的时候,你的听众或许只是一艘空船。很多时候,世事并不像想象的那样糟糕,有些本来不值得放在心上的事,有的人却把它当成无法排遣的烦恼而郁闷在心,以至于整天愁眉不展。其实,人生的很多烦恼都是自找的。人们在日常生活中,总免不了有一些苦恼烦闷的事儿。有些烦恼来自外界,必须正视;而大多数困扰则源于内心,这就是所谓"自寻烦恼"。

据统计，一般的忧虑有 40% 属于过去，有 50% 属于未来，只有 10% 属于现在，而 90% 的忧虑从未发生，剩下 10% 则是你能够轻易应付的。

临床心理学家为了研究人们常常忧虑的"烦恼"问题，做了下面这个很有意思的实验。

> 心理学家要求实验者在一个周日的晚上，把自己未来 7 天内所有忧虑的"烦恼"都写下来，然后投入一个指定的"烦恼箱"里。
>
> 过了三周之后，心理学家打开了这个"烦恼箱"，让所有实验者逐一核对自己写下的每项"烦恼"。结果发现，其中九成的"烦恼"并未真正发生。
>
> 然后，心理学家要求实验者将记录了自己真正"烦恼"的字条重新投入了"烦恼箱"。
>
> 又过了三周之后，心理学家又打开了这个"烦恼箱"，让所有实验者再一次逐一核对自己写下的每项"烦恼"。结果发现，绝大多数曾经的"烦恼"已经不再是"烦恼"了。
>
> 实验者切身地感到，烦恼这东西原来是预想得很多，出现得很少。

人似乎总是习惯于提前沉浸在未来可能发生的烦恼事情上,这样做的结果往往是无形之中将自己永远束缚于烦恼之中,令自己整日忧心忡忡,陷入烦恼之中无法自拔,逐渐远离快乐。

常言道:人无远虑,必有近忧。但是过于烦恼于还未发生的问题也是不可取的。因为任何事情都应当有个"度"的概念,否则会有"杞人忧天"之嫌。只要我们在日常生活和事务中保持一颗平常心,把心头泛滥的愁烦看做逝去的江水,不要任凭自己沉溺在里面,我们就会发现一切问题其实都没有自己想象中的那样难以解决和烦恼。

生活中有各种令人烦恼的事困扰着我们,但我们不能一味地被烦恼所侵袭,应该学会尽力摆脱烦恼,尤其不能自寻烦恼,否则只会让自己心绪不安、心情沮丧。虽然我们没有特权去永远做自己高兴的事,但是我们有权从自己的所作所为中摆脱自寻烦恼的困境,得到更多的乐趣。

宽恕自己

有个小男孩在学校受了欺负,终于忍耐不住,狠狠打了欺负他的同学一顿,结果被老师处罚。

回到家后,小男孩依然愤愤不平,觉得自己很委屈。

务农的父亲见状，便指着农场一角，对小男孩说："孩子，那儿有一袋木炭，不如你拿木炭去砸稻草人，发泄一下你的怒火吧。"

孩子听了觉得这个方法不错，便把稻草人想象成欺负自己的同学，接着拿起一块又一块木炭，狠狠往稻草人身上砸去。

半个小时过去，一包木炭扔完了，稻草人身上也多出几个黑黑的木炭痕迹。小男孩虽然累得气喘吁吁，却也大呼过瘾，高兴地对父亲说："爸爸，您这个方法真不错，现在我觉得舒服多了！"

父亲突然哈哈大笑："那太好了，不过你要不要去照照镜子？"

小男孩不知道父亲在笑什么，糊里糊涂地到了浴室，用镜子一照，连他自己也忍不住笑了：因为扔了半天，稻草人身上也不过多出几个印子，倒是自己已经变成一个小黑人，满脸都是漆黑的炭灰！

父亲这时也走入浴室，拍拍孩子的肩膀，说："孩子，永远不要忘记，报复就好像你扔出的木炭，永远伤害别人少，污染自己多！"

人生在世，不可能不与人发生矛盾，这时我们不妨进行一

下心理换位，将自己置身于对方的境遇之中，想想自己会怎么办，用宽容的心态理解人，摒弃报复心理，"铲除荆棘，栽下一片绿荫"。

有个年轻女子与男友交往多年，最后赫然发现原来男友早就已经有家庭，自己被玩弄了。女子觉得很不甘心，决定展开她的"复仇计划"。

除了寄匿名信到男友的公司，她还聘请私家侦探跟踪男友的老婆，跑到他老婆的公司、娘家大吵大闹。她像个幽灵一样，如影随形地跟着她的前男友，尽管前男友换公司、搬家，都逃离不了她的"魔掌"。

这段复仇持续了一两年，最后她"胜利"了：前男友丢掉了工作，成为失业一族，他的妻子也不堪骚扰，与这名男子离婚。

她的复仇终于告一段落了。照理说，她应该高兴才是，但是，她不但没有丝毫的喜悦，还感觉怅然若失。因为，"目标"虽然达成了，她的生活却顿时失去中心。她赫然发现，她其实早就已经不在乎那个男人了，只是盲目沉浸在复仇的快感之中。到头来，她才明白自己其实什么也没有得到！

俗话说"君子报仇，十年不晚"，只是很少人能静下心来思考，花这么长的时间"报仇"，究竟值不值得？伤害别人的同时，自己又得到了什么？

选择原谅，其实不是要求自己成为圣人，而是为了避免一而再再而三地自我伤害。

曾听过一种很有智慧的说法："利己利人的事，一定做；损己利人的事，考虑要不要做；损人不利己的事，一定不做。"当我们心中充满怒气，满脑子燃着报复的怒火时，想想这些话，它可以让我们及时"刹车"，减少不必要的遗憾。

复仇也许是一件很爽的事，只是复仇的怒火，往往不仅会烧到对方身上，更会波及自身。其实原谅不是放过别人，而是饶恕自己。

你本来就可以很快乐

曾有一个腿有残疾的年轻人，其实他的腿早已痊愈，如正常人一样，但是他却还一瘸一拐地行走，这完全是因为他的心理影响了他的行为。

自我怜悯，自我安慰的习惯会扼杀人们的创造性，因为在这个过程中，自信会被摧毁，能量与勇气会被消磨。如果想将

能量与精力运用于工作之中,就必须要有足够的自我表达能力,在这个过程中不要惧怕任何的阻力。

当你自怜之时,认为这也做不了,那也做不了,心智的水准马上就会下降一个等级,创造力也将大打折扣。

西方哲学的奠基者、雅典著名哲学家苏格拉底风烛残年之际很想要一位最优秀的承传者,他那优秀却缺乏自信的助手不辞劳苦地为寻找传承者而奔波着。然而,半年后,苏格拉底眼看就要告别人世,最优秀的人选还是没找到。助手非常惭愧,他泪流满面地坐在病床边,语气沉重地说:"我真对不起您,让您失望了。""失望的是我,对不起的却是你自己。"苏格拉底伤心地说,"本来,最优秀的就是你自己,只是你不敢相信自己,才把自己给忽略、给耽误、给丢失了……其实,每个人都是优秀的,差别就在于如何认识自己、如何发掘和重用自己……"

不相信自己,就是自我怀疑。"怀疑是我们身上最可耻的叛徒,"莎士比亚说,"当我们总是怀疑某种获得利益的尝试是否可行时,我们也就失去了那本该获得利益的机会。"

相信和怀疑，就像是拔河的两头，时时在你的心底进行着比赛，而你是那个裁判，只有你能判断他们到底是谁输谁赢。有的时候你把胜利的奖杯颁给了相信，有的时候你又让怀疑戴上桂冠。而当相信看到曙光女神的微笑之时，人的一切都很顺利，他勇敢地迈步向前，把道路上所有的障碍都扫清；但当怀疑占据胜利的宝座时，人就只能在原地徘徊，再也前进不得。你选择什么呢？相信还是怀疑？

信心是你的国王，它可以帮助我们完成那些难以完成的事情。而怀疑却是破坏性的，并会扼杀我们的努力。怀疑是我们自己把它拉到胜利的宝座上的，是我们喂养和照顾它，直至它成为威胁我们生存的怪兽。所以我们更应该相信自己，切莫自我怀疑；选择相信自己，相信自己的能力，相信面前没有不可能，相信成功一定会光顾自己！

一个天赋超群的人，在其本应大步前进之时，却在小心翼翼地匍匐向前；本应成就大业之时，却仍是小打小闹。究其原因，只是他过分关注自己了，总是顾念着自己，最后成为这种自我怜悯的病态思想的奴隶。

一位著名的医生长期专注于神经疾病领域的研究，他发现，病人总是难以从处方药或是其他药物中获得满

意的疗效。最后，他试着让病人在任何情况下都要保持微笑，不论他们愿意与否，也要保持微笑。"让你的嘴角上扬一下。"这句话就是他开给那些抑郁症患者的良方。无论病人们感到多么的悲伤或是忧郁，都要保持微笑。这的确是一剂良药。他说："微笑，微笑，不要停止微笑。不管自己的心情如何，只需让嘴角上扬，然后再看看这样做了之后，心情是如何。然后写下来，日子久了，看着这些日子一点点地变化，你就会发现，原来微笑里面真的是有神奇的力量的。"他让病人待在病房，要求他们的嘴角要有上扬的弧度，要他们学着微笑，即便这不是病人们真正愿意去做的，但病人们也会感觉到自己居然就这样好起来了。

这位医生说，但若是人们抿着嘴，看上去总是嘴角下沉，即使自己用再坚强的意志力去忍受着悲伤和痛苦，他们终究会流下眼泪的。反过来，他们若是保持微笑，积极的思想势必会驱赶走满脑子不祥的意念。

快乐对人们是至为重要的。思想的维度决定了生活的高度。我们不能从病态的思想或是紧绷的神经中获得健康的思想。若能量处于一个低水平的状态，生活的质量也就随之下降，享受生活的能力也将萎缩。

越快乐，消耗的能量就越少。因为增添的快乐意味着身心的舒畅。当身体处于最佳状态时，是不会浪费多少能量的。你浪费的能量越少，活力就越多。你补充的重要能量越多，患病的概率就越低。当整个身体系统完全处于一种开足马力的状态时，疾病将离你远去。

我们应尽早在心灵铲除那些不健康思绪的根源。每天清晨起来时，我们应是朝气蓬勃、斗志昂扬的。今天开始吧！扔掉心灵画廊中所有不协调的画像，用美好、积极、充满活力的画作填充进你的心灵。

保持良好的情绪还有益于健康。两千多年前的中医经典著作《黄帝内经·素问》中就指出："恬淡虚无，真气从之，精神内守，病安从来。"说明精神情绪上要保持清静安宁，不贪欲妄想，这样就可以保持健康。

良好的情志不仅仅有利于调节人的身心，更重要的是有利于改善人的体制，预防疾病的发生。

我们应该养成豁达、开朗的性格，遇到不顺心的事，要想得开，善于自我调整情绪，从"退一步海阔天空"，"柳暗花明又一村"中领悟人生。

美好人生需要好心态

做最好的自己

每个发明在开始时都只是一个想法。没有人知道,今天的一个伟大想法或主意将走得多远,或者,明天它就将成为现实。

对我们每个人来说,最重要的是发现自己的内在美,把它表现出来,它能使你成为人生的赢家。

珍妮是一家公司的清洁工。虽然在某些人眼里,这个职业并不光荣,但是珍妮却十分珍惜这份工作,并且尽自己最大努力去做好它。一天,珍妮在打扫狭小的卫生间时,不小心碰到了一位时髦的女人。这个女人立即嚷道:"你又脏又臭,真不要脸!"面对这个女人的辱骂,珍妮不卑不亢,她说:"尊敬的小姐,如果我弄脏了你的衣服,我可以向你道歉。但是你不能这样侮辱我,因为我是在工作。我热爱我的职业,并努力把它做好。我并不为自己的职业感到自卑,我认为只要工作着就是幸福的。"

听到珍妮的一番话,那个女人惭愧地道了歉。后来,珍妮赢得了所有人的尊重。可以说,她在她的工作领域和人格领域,都是成功的,因为她充分地展现了自我。

其实每个人都具有成功者的资格，这也就是说我们在起跑线上是一样的，至于起跑后的差距则是日积月累后发展出来的。虽然每个人都有获得成功的机会，但是，结果如何，完全要看个人的本事与表现了。

一般人认为成功者必定有其特殊的才能或高人一等的智商，其实并非如此。因为才能与成功之间并没有特别紧密的关系，爱迪生有句名言："天才是99%的努力和1%的灵感。"只要你努力去展现自己，充分发挥自己的才能，就会取得成功。

不要满足于平庸工作表现，要做最好的，只有这样，你才能成为不可或缺的人才。

很久很久以前，一位有钱人要出门远行，临行前他把仆人们叫到一起并把财产委托他们保管。依据他们每个人的能力，他给了第一个仆人十两银子，第二个仆人五两银子，第三个仆人二两银子。拿到十两银子的仆人把它用于经商并且赚到了十两银子。同样，拿到五两银子的仆人也赚到了五两银子。但是拿到二两银子的仆人却把它埋在了土里。

过去了很长一段时间，他们的主人回来与他们结算。拿到十两银子的仆人带着另外十两银子来了。主人说：

"做得好！你是一个对很多事情充满自信的人。我会让你掌管更多的事情。现在就去享受你的奖赏吧。"

同样，拿到五两银子的仆人带着他另外的五两银子来了。主人说："做得好！你是一个对一些事情充满自信的人。我会让你掌管很多事情。现在就去享受你的奖赏吧。"

最后拿到二两银子的仆人来了，他说："主人，我知道你想成为一个强人，收获没有播种的土地，收割没有撒种的土地。我很害怕，于是把钱埋在了地下。"主人回答道："又懒又没思想的人，你既然知道我想收获没有播种的土地，收割没有撒种的土地，那么你就应该把钱存到银行家那里，以便我回来时能拿到我的那份利息，然后再把它给有十两银子的人。我要帮那些已经拥有很多的人，使他们变得更富有；而对于那些一无所有的人，甚至他们自己的东西也会被剥夺。"

这个仆人原以为自己会得到主人的赞赏，因为他没丢失主人给的那二两银子。在他看来，虽然没有使金钱增值，但也没丢失，就算是完成主人交代的任务了。然而他的主人却不这么认为。他不想让自己的仆人碌碌无为，而是希望他们能主动些，变得更杰出些。

　　人类永远不能做到完美无缺，但是在我们不断增强自己的力量、不断提升自己的时候，我们对自己要求的标准会越来越高。这是人类精神的永恒本性。

　　对于我们来说，顺其自然是平庸无奇的。平庸是你我的最后一条路。为什么可以选择更好时我们总是选择平庸呢？如果你不可能在一年之外弄出一天，那为什么不好好利用这365天呢？为什么我们只能做别人正在做的事情？为什么我们不可以超越平庸？

　　比如，如果一个运动员顺其自然的话，那么他也不会赢得奥林匹克竞赛。把金牌带回家的运动员必须超越已有的纪录。哈伯德曾写下过如下一段话：

　　"不要总说别人对你的期望值比你对自己的期望值高。如果哪个人在你所做的工作中找到失误，那么你就不是完美的，你也不需要去找借口。承认这并不是你的最佳程度……当我们可以选择完美时，却为何偏偏选择平庸呢？我讨厌人们说那是因为天性使他们要求不太高。他们可能会说：'我的个性不同于你，我并没有你那么强的上进心，那不是我的天性。'"

　　"超越平庸，选择完美。"这是一句值得我们每个人一生践行的格言。有无数人因为养成了轻视工作、马马虎虎的习惯以

第二章　另一道风景线

及对手头工作敷衍了事的态度,终致一生处于社会底层,不能出人头地。

实现成功的唯一方法,就是在做事的时候,抱着非做成不可的决心,要抱着追求尽善尽美的态度。而世界上为人类创立新理想新标准、扛着进步的大旗、为人类创造幸福的人,就是具有这样素质的人。无论做什么事,如果只是以做到"尚佳"为满意,或是做到半途便停止,那绝不会成功。

有人曾经说过:"轻率和疏忽所造成的祸患不相上下。"许多年轻人之所以失败,就是败在做事轻率这一点上。这些人对于自己所做的工作从来不会做到尽善尽美。

大部分青年,好像不知道职位的晋升是建立在忠实履行日常工作职责的基础上的。只有尽职尽责地做好目前所做的工作,才能使他们渐渐地获得价值的提升。

相反,许多人在寻找自我发展机会时,常常这样问自己:"做这种平凡乏味的工作,有什么希望呢?"可是,就是在极其平凡的职业中、极其低微的位置上,往往蕴藏着巨大的机会。只要把自己的工作做得比别人更完美、更迅速、更正确、更专注,调动自己全部的智力,从旧事中找出新方法来,就能引起别人的注意,使自己有发挥本领的机会,满足心中的愿望。

做完一件工作以后,应该这样想:我愿意做那份工作,我已竭尽全力、尽我所能来做那份工作，我更愿意听取人家对我的批评。

成功者的成功之处在于：成功者无论做什么，都力求达到最佳境界，丝毫不会放松；成功者无论做什么职业，都不会轻率疏忽。而失败者正相反。

你工作的质量往往会决定你生活的质量。在工作中你应该严格要求自己，能做到最好，就不能允许自己只做到较好；能完成百分之百，就不能只完成百分之九十九。不论你的工资是高还是低，你都应该保持这种良好的工作作风。每个人都应该把自己看成是一名杰出的艺术家，而不是一个平庸的工匠，应该永远带着热情和信心去工作。

第三章　活在现实中

从前，有一位待嫁的姑娘，要求夫君年轻、聪明、帅气，无条件地爱她。

起初，显贵的求婚者摩肩接踵。但这姑娘实在太挑剔了，别的姑娘求之不得的男人，她却嗤之以鼻。挑来挑去，没有一个让她中意。一晃两年过去了，求婚者来得少了，求婚者的档次也降低了。姑娘说："他们那么粗俗，想和我结婚，简直是异想天开！他们连过去被我拒绝的求婚者都比不了。"这批求婚者也被拒绝了，从此登门提亲的人越来越少。姑娘家门庭冷落，车马稀少。年复一年，来提亲的人终于绝迹。姑娘终于人老珠黄，没了傲气。突然，有个男人向她提亲。她立即兴奋地应允，尽管对方是个糟老头子。

人最大的缺点莫过于自己看不到自己的缺点，反而对别人吹毛求疵。很多挑剔的人常用"有鞭策才会有动力"这样的话语为自己辩解。然而，这并不能抹平挑剔在人际关系中的破坏性作用。由于挑剔在心理上已经预设了不平等的关系，很容易激起对方的愤怒和反抗情绪，进而破坏人际关系。与此同时，由于挑剔是出于自己主观的评判标准，缺乏进一步商量沟通的余地，也妨碍建立深入的关系。

一味地等待，过分地挑剔，不知道满足，就会失去很多机会。在日常生活中，如果你常常带着挑毛病的眼光待人接物，并以此为乐，不外乎有以下几种心理。

首先，内心极度自卑。有的人总表现出盛气凌人的样子，时时处处挑剔、指责别人。但是，这并不意味着他们有足够的底气。相反，当他们看到别人闪光的一面，而自己却不具备时，自卑感常常会油然而生。于是，他们采取以挑刺的方式，来取得对他人心理上的优势，并以此获得内心的力量感和稳定感。

其次，嫉妒心理作怪。有人时时刻刻关注着周围人的动向，并且总摆出一副与人一争高下的姿态。一旦发现自己的同事、同学、朋友，甚至亲人，在某些方面将要或已经超过自己，心理上就感到不平衡，进而妒火中烧。但是，他们通常不会积极采取行动，靠自己的力量超越别人，而是冲着"假想敌"横挑鼻子竖挑眼，想方设法贬低别人。

再有，过于追求完美。一般说来，完美主义者对个人要求很高、很挑剔。从心理学角度看，完美主义是一种人格特质，

即个性中具有"凡事追求尽善尽美的极致表现"的倾向。完美主义者除了给自己设下高标准、严要求外,还经常处处严格要求别人,并总能挑出别人的毛病。不可否认,无论是对人、对事,还是对自己,追求完美的进取之心是弥足珍贵的。有进取心的人生,是一种积极的人生。但是,绝对的完美是不存在的。苦苦强求自己去做根本就办不到的事情,或者强求他人尽善尽美,只会带来混乱、苦恼和疲惫。

挑剔就好比是有色眼镜,它让人们看不见对方的优点。事实上,很多人往往把挑剔变成一种习惯,却不自知。不论呈现在眼前的事物是什么,总是挑剔其中的瑕疵,而将它值得欣赏和赞美的地方忽略掉。在现实生活中,如果你发现挑剔已成为一种惯性的模式,就需要赶紧转变心态。如果我们能转变心态,放下近乎苛刻的挑剔,对自己、对别人都是有好处的。

下面是几种能够有效帮助人们放下挑剔心态的良方。

1. 尽量发掘他人的优点

一个人对自己要求严格是十分正确的。但不要因此就把自己看得太高,以自己的标准来要求别人,以为别人都是笨蛋,只有自己才完美无缺。每个人都有缺点,但也有优点。正确的做法是,要多发现他人优秀的一面。诚如松下幸之助所言:"以七分心血去发掘优点,用三分心思去挑剔缺点。"

2. 学会以不作评断的心态看待事物

如果能学会以不作评断的心态看待事物，就能避免失之偏颇的批判。正如台湾佛学大师圣严法师所言："看到了只是看到，听到了只是听到，而不产生好恶。因为心里有了好恶的分别，喜爱的就想占有，讨厌的就会排斥，患得患失，烦恼就来了。"

的确，我们可以选择是用正面积极的心，还是用负面消极的心，去解读事物，前者会带来积极善良的影响，后者则会带来愤怒悲伤的后果。我们要让自己的心如同一面镜子，如实呈现所有外来现象，不随之起伏，让它自在来去，不留任何痕迹，仿佛云朵在天空自由飘动，无论是艳阳高照还是乌云密布，天空的本质其实永远不变。

3. 包容别人的缺点

人无完人，每个人都有缺点，我们不能抓住别人的缺点不放，不能左看右看别人不顺眼。否则，人与人之间就容易出现隔阂，人际关系会趋于紧张，长此以往，孤独感就会油然而生，自然难以有幸福的感觉了。

不过，爱挑剔者大都有这样一个通病，就是专挑别人的缺点，把别人的缺点铭记于心，而且到处宣扬，结果弄出矛盾，甚至造成不堪设想的后果。

如果能够包容别人的缺点，不把别人的缺点当成茶余饭后

的谈资，就不容易伤害别人、引起事端。如果能够委婉指出别人的缺点（最好是单独找对方私聊，这样对方比较能接受），让其改正，取长补短，就更好不过了。

此外当面对他人的挑剔时，得从多个方面去考虑，然后对症下药。一种是不带恶意的挑剔，只是此人务求完美的性格使然。对于这种挑剔，听起来虽然有些不顺耳，但也不妨放宽心胸，愉快地接受，这样可以促进自己成长。另一种是恶意的挑剔，是别有用心的表现。对这种行为就要予以反击，最好的办法莫过于"以子之矛,攻子之盾"，把他的毛病和缺点充分摊开，让他再也没有资格来挑剔你。

总而言之，抬高自己并不需要贬抑他人，获取信任也并不需要中伤他人。你需要做的只是将挑剔他人视为一个坏习惯，进而改掉。当这个习惯偷偷侵入你的思想时，你要把握住自己并封上你的嘴，你越不常去挑剔你的伙伴或朋友，你就越会感到你的生活美好，你的幸福指数就会越高。与此同时，还要学会对他人的恶意挑剔进行有力、有节的反击，否则，将对苦心经营来的幸福生活造成不利影响。

工作还是主动的好

小李最初工作时,职务很低,现在已成为老板的左膀右臂,担任其下属一家公司的总经理。当大学同学问起他快速晋升的秘诀时,他这样说:

"在为老板工作之初,我就注意到,每天下班后,所有的人都回家了,但老板仍然会留在办公室里继续工作到很晚。因此,我决定下班后也留在办公室里。是的,没有人要求我这样做,但我认为自己应该留下来,在需要时为老板提供一些帮助。

"很快,老板就发现我随时在等待他的召唤,并且逐渐养成召唤我的习惯。"

小李主动留在办公室,使老板随时可以看到他。这样做虽然最初并没获得额外的工资,但是他却使自己赢得老板的关注,最终获得了提升。

在职场中,消极被动的员工总是把工作当成"要我做"的事情,而主动型员工则会把工作当成"我要做"的事情。主动者比别人更容易脱颖而出。所以,我们要变"要我做"为"我要做"。即便是面对枯燥乏味的工作,"我要做"的主动精神也

会让你取得非凡的业绩。

主动的工作作风绝非是某些人所理解的强出头、富有侵略性或无视他人的反应。主动工作的人反应更敏锐、更理智，更能切合实际并掌握问题的症结所在。只有抓住了问题的症结，并积极主动，才能取得突出的业绩。

很多人会抱怨公司没给他们机会去表现，其实机会是很多的，只是很多人缺少发现这些机会的眼睛罢了。你主动、自发地去完成工作，其工作结果会超出老板、主管的期望，机会就会适时出现。如果只是被动地去接受，你就会发现机会总是从你身边绕道而行。

为了拥抱辉煌的明天，我们需要放下被动的工作态度，不妨从以下几个方面努力。

1. 认真全面地了解公司

认真全面地了解公司是做好工作的基础，它主要包括了解公司的目标、使命、组织结构、销售方式、经营方针、工作作风等。主动使自己像老板一样了解所在的公司，可让你在今后的工作中采取的行动更准确、效果更佳。

2. 改变"等待上司下达命令"的习惯

如果你习惯于"等待命令"，首先，你就会从思想上因缺乏工作积极性而降低工作效率。其次，你还会养成"有所为而为"

的工作态度，或者只做你喜欢的工作。一个人一旦被这些消极思想左右，任何时候都很难要求自己主动去做事。即使是被交代的工作，也会想方设法去拖延、敷衍。事实表明，"等待命令"是对自己潜能的"束缚"，从一开始就注定了平庸的结局。

3. 工作中不让自己闲下来

工作中不让自己闲下来，主动找点儿事情做，你就能更加完善自己，提高自己的工作能力。优秀的员工每完成一项工作，总会去翻工作日记，问自己：是否所有的目标都已达到？有什么项目需要加上去？还需要向他人学习什么？在闲暇的时候，主动出击，你就能争取到更多的机会，不断积累工作经验，逐步提升工作能力。

4. 主动提出合理化的建议

也许你的老板或同事的某种处理事情的方式效率不高，而他本人并未察觉或不知如何改进。这时，如果你有好的意见，就应该主动地提出来。这不但可以为你赢得好人缘，更有利于提高组织的工作效率和业绩，进而惠及自身。要做到这一点，你必须主动了解和学习公司业务运作的经济原理：为什么公司业务会这样运作？公司的业务模式是什么？如何才能赢利？主动关注整个市场动态，分析竞争对手的错误症结，可以避免思维的定式化，从而提升你的工作能力。

5. 积极承担自己工作以外的责任

许多著名大公司的管理者认为,一个优秀的员工所表现出来的主动性,不仅仅是能坚持自己的想法,并主动完成任务,还应该主动承担自己工作以外的责任。

总而言之,要想成为一名出众的员工,就必须具有积极主动的品质。你必须把它变成一种思维方式和行为习惯。只有时时处处表现出你的主动性,才能获得机会的垂青,并最终成就卓越。

人生莫贪

从前,在一座风景秀丽的山中,一股细细的山泉,沿着窄窄的石缝,叮咚叮咚往下淌,水滴石穿,也不知过了多少年,竟然在岩石上冲刷出一个鸡蛋大小的浅坑。奇异的是,山泉不知从哪儿冲来黄澄澄的金砂,填满了小坑,天天不增多也不减少。

有一天,一位砍柴的老汉口渴难忍,循着水声来喝水,偶然发现了清洌泉水中闪闪的金砂,他惊喜异常,他小心翼翼地捧走了金砂。

从此,老汉过个十天半月的,就来取一次金砂,很快过上了富裕的生活，不用砍柴卖钱了。人们都感到蹊跷，不知老汉哪里来的钱。老汉对这天大的秘密守口如瓶，上不告父母，下不告妻小。

老汉的儿子跟踪窥视，终于发现了爹的秘密。他在认真看了看窄窄的石缝、细细的山泉，还有浅浅的小坑后，埋怨爹不该将这事瞒着，不然早发大财了。于是儿子向爹建议，拓宽石缝，扩大山泉，不是能冲来更多的金砂吗？爹想了想，自己真是聪明一世，糊涂一时，怎么就没有想到这一点呢？

说干就干，父子俩叮当叮当，很快就把窄窄的石缝凿宽了，山泉比原来大了好几倍，又凿大凿深了坑。父子两个累得大汗淋漓，想到今后可以获得很多很多的金砂，高兴得一口气喝光了一瓶老白干，醉成了一摊泥……

父子俩天天跑来看，却天天失望。金砂不仅没增多，反而从此消失得无影无踪。父子俩百思不得其解，金砂哪里去了呢？

水流大了，金砂还会沉淀下来吗？贪婪的父子俩连原来的金砂也失去了。

人处于形形色色的诱惑包围之中：名利的诱惑、金钱的诱

第三章 活在现实中

惑、声色的诱惑、美味的诱惑、锦衣的诱惑等，不一而足。凡此种种，都能使人浮想联翩，激发人的欲望，令人心智迷乱，欲得之而后快。

在诱惑面前，人们可以因难以割舍的情怀而肆意接受，也可以选择用一颗放下之心理智地拒绝。毋庸置疑，尘世的种种诱惑很容易诱导意志不坚定的人踏入歧途。面对诱惑，君子可能变成小人，忠良可能变为奸佞，坚定的革命者可能变为贪图小利的可怜虫。面对诱惑，人不能被它奴役和异化。通俗地说，人可以被诱惑包围，但绝不可以被诱惑湮没。否则，便失去了自身的主体性。

如果一个人追求钱财、色欲、名利、享受，执著迷惘，难以割舍，不知适可而止，就像无知的孩童贪图粘在刀锋上的蜜糖，不惜用舌头去舔刀刃，以至于让刀刃割伤了舌头。如果一个人不知分寸地追逐诱惑，终将会使自己走向毁灭。然而，世界上有很多人，有一得一，样样都要，功名富贵不想丢，钱财越多越满足，妻妾美女不可少，吃喝玩乐花样多，无所不要，最后还要成仙成佛长生不老。可世界上哪会让这样多的好事被一个人独享呢？

面对诱惑，关键在于既应该有所取，又应该有所舍，既应该有所投入，又应该有所自持，既应该有所热忱，又应该有所节制，这样才能在诱惑的笼罩之下，保持头脑的清醒、心态的平衡以及行为的规范。

怎样才能让自己远离贪欲呢？坚持做到以下几点就可以了：

1. 抑浊扬清，在心理上筑起一道铜墙铁壁

莎士比亚把金钱比喻成"灿烂的奸夫"。生活中不察殷鉴，被所引诱的人屡见不鲜。那么，如何抵制金钱的引诱呢？除了外在法律的监督、约束外，每个人还应该做到自重、自省、自警、自励、自律，在心理上筑起一道铜墙铁壁，"封其心眼，断其诱惑"，扶正祛邪，抑浊扬清，做一个俯仰无愧、堂堂正正的人。否则，就是在为失去自由甚至生命打开通道，是在自掘坟墓。要知道，人一旦失去了自由甚至生命，财富再多，也不过是镜中花、水中月。

2. 保持一颗清醒的头脑，克制自己的欲望

不要因争名逐利而丧失自我，要克制自己的欲望，"见素抱朴，少私寡欲"，顺应自然，知足知止。要知道"甚爱必大费，多藏必厚亡"的道理，物极必反，过分的爱惜会导致极大的耗费，过多的敛取必定导致重大的损失，盛极而衰是已被历史证明了无数次的。所以，在名与利、得与失上，要时刻保持清醒的头脑并作出明智的选择。只有这样，才可以"知足不辱，知止不殆"。

3. 保持行为上的规范，以不贪为宝为准绳

公元前558年，宋国有个人得了块璞玉，献给子罕。子罕当时是宋国的司城，司城是在一些人眼里肥得流油的官位，职掌建筑、造车、服饰和器械的制作。献玉人说："我给雕玉的工匠看过，他们认为是真正的宝玉，我才敢拿来献给您。"然而，子罕却说："你的宝物是这块玉，我的宝物是不贪；我若是收下你这块玉，你和我的宝物岂不都丧失了吗？还不如各人留着各自的宝物好啊！"

同样是一个"宝"字，不同的人却有着截然不同的两种理解，一种令人钦佩，一种却让人鄙视。其实每一个人都有价值标准，"不贪为宝"应成为每一个人立身处世的准则。不贪包括不贪权、不贪财、不贪色等。

凡事都有一个度和量，过分追求本不该属于自己的东西，往往会适得其反，失去自己原本拥有的东西。该得则得，该放就放，一张一弛乃人生之大智慧。

识时务者为俊杰

要说能为了理想而甘愿委屈，项羽自然不算。兵败之后，将士劝谏项羽，不要意气用事，渡江之后日后带领家乡父老依然可以重新来过。而项羽仅仅是因为无颜面对江东父老，毅然决然地拔剑自刎。

如果从"实现与理想"的角度来说，项羽的做法不足取。

同样是兵败之后，勾践却在范蠡的陪同下，去吴国给夫差当奴仆。他住的是茅草屋，吃的是粗粮，不仅为夫差端屎端尿，甚至在夫差生病时，还要尝食夫差的大便以帮助大夫确认病情程度。

不用说，越国上下肯定有很多人觉得他们的国王活得很没有气节。但是勾践为了光复越国大业，再大的屈辱也忍下了。忍辱负重20年，越王勾践终于在公元前473年灭掉吴国，成为春秋最后一位霸主。为了理想而适当地委屈自己，在某种程度上可以看做是识时务，识时务者为俊杰。

冯小刚当初剧本接连被毙，拍出的电视剧和电影也是被禁者多于上映者，内心自然是十分苦闷。但是这种苦闷也不好向谁说起，只好借酒浇愁。这个时候的他就

面临着一个重大的选择问题：是否还要沿着电影事业继续向前走？不走导演这条路，能走什么路呢？既然要走，该怎么走呢？于是他放眼大陆之外，不仅看海外电影市场，还仔细研究香港电影市场。尤其是后者，同样是华人世界，看他们的电影是如何取得成功的。

这一研究不要紧，让他发现了轻喜剧这片天。因为所拍摄的电影都是在新年前播放，又被冠名为贺岁片。冯小刚及他的御用演员葛优在这个市场上赚了个钵满盆盈。

但之所以选择这个市场，除了对香港电影市场轻喜剧的经验借鉴之外，冯小刚还有一个个人因素：据说他的名字已经上了有关部门的"黑名单"，原则上要对他的作品审查严一点，要想使有关部门对自己的作品手下留情，他必须远离所有敏感的东西。不仅要干净，而且要向上。不仅要符合物质文明，而且还要符合精神文明。显然，在各个类别电影中，就轻喜剧最能接近这个标准。这种策略性的改变和选择，和宏大的电影梦想相比，算不了什么。何况，经过这么多年的经历证明，这种选择和定位是相当明智的。

为了理想而适当委屈自己，需要记住两个要点。首先是大方向不能变。假如你要成为一个公司的老板，你可以为了增加业务经验而去一家大公司的业务部门当业务员。其次是要学会适时调整方法和策略。比如勾践，既然在人家屋檐下，就必须比仆人更像仆人。如果不调整自己的方法和策略，他可能连活路都没有，别说日后实现霸业了。

识时务者为俊杰，一定要看清形势，头脑清醒，冷静做出最佳选择，这样才会拥有美好的明天。

人生不能一帆风顺

失败是一剂良药，虽苦口，但能药到病除，刺激我们去寻找认识自己的得失，让我们不至于长久迷失于自我的固有认识当中。

许多发明创造和伟大成就都是在一次次的失败中完成的。爱迪生曾经说过："失败也是我需要的，它和成功对我一样有价值。只有在我知道一切做不好的方法以后，我才知道做好一件工作的方法是什么。"爱迪生一生中1368项发明，都是在不断的尝试、失败、再尝试、再失败，最后成功，这样一个过程中诞生的。在这个过程中，他不断从失败中总结原因，加以改进，

最终创造了现代文明的辉煌成绩。

中国导弹之父钱学森也说过："正确的结果，是从大量错误中得出来的；没有大量错误作台阶，也就登不上最后正确结果的高座。"

诺贝尔继承了哥哥对硝酸甘油制成炸药的研究，并开始探索比较合适的导火索，但很快他就失败了，因为作为液体的硝酸甘油并不稳定，它的爆炸不被人控制，于是诺贝尔着手研究另一种方法。1862年，诺贝尔做了一次重要的实验，在这次实验中他认识到在密闭的情况下，黑色炸药可以完全引爆分隔开的硝酸甘油。于是他立即申请了专利并于1863年在斯德哥尔摩海伦坡建立了一所实验室，和弟弟一起从事硝酸甘油的制造和研究。年底他就发明了完全引爆硝酸甘油的有效方法。不久又发明了雷管来引爆硝酸甘油。

这之后，他便遭受了残酷的挫折。

1864年9月3日，海伦坡实验室在制造硝酸甘油的时候发生了爆炸，当场炸死了5人，其中包括诺贝尔的弟弟。事故后所有的邻居都反对诺贝尔的疯狂举动，但他仍未放弃过，而是把实验室转移到马拉湖的一只船上。

几经波折，1865年3月，诺贝尔在温特维根找到一处新厂址，在那里建造了世界上第一个硝酸甘油工厂，但诺贝尔的人生道路并没有因此而平坦顺畅。他所制造的炸药在世界各国经常发生爆炸，导致许多人都对硝酸甘油失去了信心。但他并没有放弃，他坚信完全有可能解决硝酸甘油不稳定的问题。

一年后，也就是1866年，他成功地发明了安全炸药。接下来他又研制了一种爆炸力很强的胶状物炸胶。1887年，诺贝尔把少量的樟脑加到硝酸甘油和火棉炸胶中，发明了无烟火药。直到今天，在军事工业中仍普遍使用这种火药。

诺贝尔在失败中积累智慧，最终成功研制了炸药。科学的进步都是在失败中不断完善、不断被验证的，诺贝尔的经历很好地证明了这一点。

对成功的人来说也一样，他们的成功是在失败中铸就的，成功的秘诀，只有一次次从失败中走出来的他们最了如指掌。人人都渴望成功，人人都在思考怎样获得成功，其实答案就藏在每次失败的后面。只要我们认真总结失败的原因，发现其中闪烁的智慧，那么离成功就更近一步了。

有时候这些失败的经验还能成为我们成功的桥梁。现今社

会，如果说文凭是求职的一个最好敲门砖，那么我们的失败经验也能成为求职的另一块很好的敲门砖。

闻名世界的国际巨星史泰龙大家都知道，但有多少人知道在成功的背后他又经历了怎样的失败和挫折呢？

史泰龙出生于纽约时代广场附近的一个贫民区里，父亲有赌博的嗜好，母亲有喝酒的嗜好，每当父亲赌输或母亲烂醉归来后，他都会遭到一阵拳打脚踢。史泰龙从小没有受过良好的教育。到15岁时他换过12所学校，有的学校更是直接把他开除，因为担心他把其他孩子带坏。高中毕业后，史泰龙便成为一个名副其实的坏孩子，没有大学愿意收录他。后来他幸运地得到瑞士一家学院的奖学金：一边给女学生上体育课，一边学习戏剧课程。在排演阿瑟·米勒的名剧《推销员之死》时，他终于找到了自己的理想与追求，于是他认准了当演员这一条路。

后来，史泰龙满怀希望地回到了美国，并进入了迈阿密大学学习表演，但是他的导师并不看重他，没有用心指导和教诲他，而且还一再劝他退学。尽管抱定梦想的史泰龙并没有因此而放弃努力，但是他仍然因为没修够学分而被迫退学。

于是史泰龙只身来到了纽约独自奋斗。他来到好莱坞，希望找到一些能使自己成为演员的机会。但是他一次次的毛遂自荐换来的是一次次冰冷的拒绝。"世上没有做不成的事，我一定要成功。"越挫越勇的史泰龙为了养活自己，在好莱坞找了一份与演员无关的工作。

后来史泰龙的母亲建议他先动手做一名编剧，史泰龙便重新规划自己的人生，并开始着手写剧本。两年多的求职经历以及失败的总结让史泰龙对生活有了自己清晰的认识，这些失败后的智慧都在他的剧本里闪烁着光芒。一年后剧本完成，渴望成功的史泰龙抱着剧本四处寻找愿意和他合作的导演。大多数导演都看中了他的剧本，但是他们都拒绝了让史泰龙担任男主角，史泰龙并没有放弃，他自我激励，一次次重新坚定自己的信念。

一次次失败，一次次打击之后，一个曾经拒绝过他20多次的导演被他坚强的毅力所打动，于是答应给他一次机会。在上千次的失败和挫折后，他终于走上了银幕，并且影片一上映便赢得了全美最高票房。

这部剧本其实就是他自己的人生写照，是在一次次失败后获得的智慧的收录。

失败和挫折并非一件坏事,人们往往都能从失败中吸取一定的教训,而这些教训都闪现着智慧的光芒。这次失败了,你便会找到失败的原因,然后在下次行动时便会重新寻求正确的方式。

一个人走的路越长,踢到的石子也就越多。人生中难免会有失败和挫折,这是无法避免的。那么我们该怎样面对挫折呢?

西楚霸王项羽武艺超群,大英雄气魄没有一个人不佩服。他能征善战,英勇无比。在战场上豪气冲天,叱咤风云,他所统率的军队每次交战都势如破竹。巨鹿之战中,项羽以寡敌众,破釜沉舟,全力歼灭了秦军主力,为刘邦进入咸阳、推翻秦朝创造了重要的条件。在之后的楚汉战争中,他率众兵将破田荣,救彭成,救荥阳,夺成皋,丰富了中国一页页的战争史,因而后世古人赞誉他为"百战百胜之才"。但在顺境中一路走来的项羽并没有想到自己会失败,也不知道该怎么面对失败,于是悲剧就这样发生了。

公元前202年,刘邦向项羽发起了大决战,并于垓下将楚军团团围住。而项羽之前曾多次进攻刘邦,不仅没有攻下,反而消耗了自己军队的实力,此时十万楚军早已精疲力竭,弹尽粮绝。夜间又听到四面围住他的军队都唱起楚地的民歌，不禁非常吃惊，怀疑刘邦已经攻占了楚地，连军队里都有那么多楚人，心里渐渐丧失了斗志。最后项羽英雄末路，带了800余名骑士向南突围而去，到达东城时只剩下28人。他可以东渡乌江从头再来，但他觉得无颜面对江东父老，最终自刎于江边，发出"此天亡我，非战之罪"的感慨。

项羽不知道怎么去面对失败，也不知道自己为何会失败。失败并不可怕，可怕的是不知道怎样去正确面对失败。

我们应该学会淡然地面对挫折，微笑地面对失败。铭记失败后的教训，忘记失败后的痛苦，不要抱怨生活给予我们太多磨难。大海如果失去巨浪的翻滚就会失去雄浑，沙漠如果失去飞沙的狂舞就会失去壮观。人生如果只求两点一线、一帆风顺，生命也就失去了存在的魅力。

其实再平的路上也会有坎坷，遭遇挫折是我们每个人成长历程必经的一站，既然无法逃避，就让我们勇敢地面对它吧！

相信明天

"当蜘蛛网无情地查封了我的炉台，当灰烬的余烟叹息着贫困的悲哀，我依然固执地铺平失望的灰烬，用美丽的雪花写下：相信未来"，这是20世纪70年代诗人食指写下的诗句，动人

的不仅是那优美的文字，更是因为文字中透露出的坚强、自信和对未来的美好期待。一无所有，是一个零，代表你开始的地方，等待你尽情地发挥；一无所有，是一张白纸，等待你涂上自己喜欢的颜色，去为之奋斗；一无所有，是崔健所唱的青年奋斗的基石，是所有人都不能放弃自己的理由。无论你处在怎样的境遇，这是你需要记住的：要相信面包会有的，牛奶会有的。当你开始努力的时候，好运会来的，一切都会来的，这是你需要相信的！

威尔玛·鲁道夫从小就患有小儿麻痹症，她对未来充满了悲观和忧郁，她觉得自己就是个废人，不需要再接受什么治疗。于是她不听医生的劝告，甚至拒绝所有人的靠近。

令人意外的是，几天之后，她开始积极主动地配合治疗。她的妈妈感到很惊讶，就问她："怎么我女儿一下子这么懂事了呢？"威尔玛·鲁道夫说："前几天我坐在窗台边，看到一个只有一只胳膊的老人，他跟小朋友们一起观看演出。演出结束后，小朋友们都为精彩的演出喝彩。这时候，我就想，看你怎么办，谁知道，老人用一只手解开自己胸口的扣子，用一只胳膊朝着自己的胸口捶打，清脆的掌声让我惊醒，让我看到了希望，于是我决定要努力生活下去!"

从此以后,威尔玛·鲁道夫坚持锻炼,积极治疗,一路艰辛,她不仅能够像其他孩子一样行走了,还在1960年罗马奥运会女子100米短跑决赛上,登上了冠军的领奖台。

看到这个故事,也许有很多人会想起那些曾经的榜样:张海迪、史铁生、海伦·凯勒等。事实上,有很多的成功人士,他们的先天条件甚至还没有我们好,但他们通过努力,收获了希望。通过他们的成功,我们应该明白,每个人都应该坚定不移地相信明天会更加美好,相信面包会有的,一切都会有的。

鲁迅说过:"伟大的胸怀,应该表现出这样的气概——用笑脸来迎接悲惨的命运,用百倍的勇气来应付自己的不幸。"在美好的未来尚未来临的时候,在黎明来临前的黑暗中,大家就应表现出这种胸怀,鼓起勇气,振作精神,努力生活。

很多年轻人整天烦恼忧心,包括学校里学习的以及初涉社会的:要么就是忧心为什么自己的学习成绩不好;要么就是烦恼在社会上还没有找到自己的定位;要么就是烦恼找不到好的工作;要么就是忧心怎么才能多挣钱。说到底,大家都在寻找成功,那么成功需要具备什么呢?面对困难时的坚强,身处逆

境时的自信毫无疑问都是成功的必备条件。新大陆的发现者哥伦布说:"坚韧之心,是成功的根基。"一个人如果没有向目标进取的坚定意志,他就不可能在遇到挫折时平安地过渡。

除此之外,保持理性的自信也是重要的成功砝码。自信,是一种态度,是一种对未来充满积极乐观的心态。毛主席也说过:"自信人生二百年,会当水击三千里。"按照马斯洛的需要层次论的观点,人都希望得到他人的认可与尊重,期望获得荣誉,因为这些可以令人精神上受到鼓舞。但是,人在奋斗过程中,如果不培养自我赞许的意识,就无法自我肯定,就坚定不了决心和信心,又如何会成功呢?同时,没有自信,没有对未来的信心,也就更无从去谈成功了。要充满自信、坚持目标、努力拼搏,胜利的旗帜就会向你招手。

法兰西帝国的开创者拿破仑,多次面对着战场上的不利状况都能够最终一鼓作气地取得胜利,与他对胜利极度自信是有关系的。而对于更多的人来说,每个人的生活就像处在不同的战场,面对着不同的情况,总会产生不同的情绪,这个时候要记住保持着胜利的信心。无论怎样,都要有一个积极的心态。相信执著的等待,相信机会总会来临,相信明天就能成功。无论现在是平平淡淡的生活,还是处在任何危急的困境,都要记得保持希望,保持一个乐观积极、充满信心的心态。

时光在静静流淌，"暴雨不终期"，即使眼下的生活再暗淡无光，再让人感到痛苦，也会很快就结束的，黑夜总会过去，黎明很快就会到来，要坚信：明天很美好，从而满怀希望迎接未来。

人只有活着才有可能享受幸福

只要还活着，一切就都还存在，遗忘了的、丢失了的、曾经放弃了的，只要还活着，总会有那么一天，它们会慢慢回来，回到我们身边，只要我们还活着，就没有必要绝望。世界那么大，天塌下来还有地为我们顶着。我们没有理由不好好地活着。要知道：活着，才会有幸福的可能！

一对家境贫困的年幼渔家兄妹在自家渔船上玩耍时，五岁的小妹妹刘丽不小心失足跌进了河里，而距她一步之遥的哥哥刘辉竟然无动于衷，冷眼旁观，直到亲妹妹消失在水中。事后面对大人们的责问，年仅七岁的哥哥非常镇定地说："活着那么苦，拉她干什么？"犹如一位饱经风霜，阅尽人世的过来人，厌世稚童的言语令人不寒而栗。

是什么让哥哥有这样的感受？据悉，刘辉的父母不久前离婚后，母亲改嫁，其父两个月前因打架被送劳改。兄妹俩只能跟爷爷奶奶一起生活，连日常温饱都成了问题，妹妹刘丽常在庙港的大街流浪，没饭吃了就在地上捡东西吃。

这样的生活状况，让年仅七岁的孩子说出这样厌世的语言。

"活着那么苦，拉她干什么？"当这句话从一个小孩子的口中说出来的时候，让很多人感到无比的震惊。

当他还不知道生命的存在不只是受苦的时候，当他还不知道什么是幸福的时候，当他还不知道幸福是靠自己争取的时候，他用他的思想，扼杀了自己的妹妹，扼杀了一个本该拥有幸福的小生命。

因为他不知道，放弃什么，都不应该放弃生命。人能来到这世界上真的不容易，不管遇到什么困难，都要好好地活着！只有活着，才有幸福的可能。

要知道，苦难未必不是一件好事，它能够磨砺和打造一个人，只有迈过苦难的门槛，才能迎来风雨之后的彩虹！

命运对张海迪而言是不公平的，但她学会了写作，创作出许多脍炙人口的作品；她学会了针灸，治疗好了许多病人；她学会了好几种语言，翻译了许多外国名著！

海伦·凯勒在19个月大时因为一次高烧而引致失明及失聪，后来在她的导师安·沙利文的帮助下，她学会了说话，并开始和其他人沟通，并且毕业于哈佛大学，写出了举世震惊的著作《假如给我三天光明》……

不要以苦难为借口，不要自暴自弃。这世界是公平的，上帝关了一扇窗，但他同时会为你打开另一扇门。众生是平等的，只要你永不放弃，只要你艰苦奋斗，总可以过上幸福的生活！伊索说过："如果你受苦了，感谢生活，那是它给你的一份感觉；如果你受苦了，感谢上帝，说明你还活着。"

不要因为一点苦难，就轻易地放弃生命。苦难是暂时的，只要我们努力奋斗，努力拼搏，终究能够开创一片沃土！凡成大事者，必经历苦难。

不管有多苦，千万要记住：苦难是我们人生路上不可缺少的经历，只有活着，才有幸福的可能！

有一位视一颗豆子为自己生存意义的夫人。就在她大儿子上小学三年级，二儿子上小学一年级的时候，悲剧突然降临她家。丈夫因交通事故身亡，为了支付事故

赔偿金,她只得卖掉了土地和房子。

母亲带着两个孩子背井离乡,流浪各地,好不容易得到一户人家的同情,把一个仓库的一角租借给她们母子三人居住。

在不大的空间里,她铺上一张席子,拉进一个没有灯罩的灯泡。一个炭炉,一个吃饭兼孩子学习两用的小木箱,还有几床破被褥和一些旧衣服,这是他们的全部家当。

为了维持生存,她每天早上天没有亮就离开家,先后去几处打零工,回到家里已是快半夜了。于是,家务的担子全都落在了大儿子身上。

生活十分艰苦,做母亲的哪能忍心让孩子这样艰难地熬下去呢?她想到了死,想和两个孩子一起离开人世,到丈夫所在的地方去。

有一天,母亲泡了一锅豆子,早上出门时,给大儿子留下一张条子:"锅里泡着豆子,把它煮一下,晚上当菜吃,豆子烂了时少放点酱油。"

这天,母亲干了一天活,累得疲惫不堪,实在失去了活下去的勇气。她买了一包安眠药带回家,打算当天晚上和孩子们一块去死。

她打开房门，见两个儿子已经躺在席子上的破被褥里，处于熟睡中。在哥哥的枕边放着一张纸条：

"妈妈，我照您纸条上写的那样，认真地煮了豆子。不过，晚上盛出来给弟弟当菜吃时，弟弟说太咸了，没法吃。弟弟只吃了点冷水泡饭就睡觉了。

"妈妈，实在对不起。不过，请妈妈相信我，我确实是认真煮豆子的。妈妈求求你，尝一颗我煮的豆子吧。妈妈，明天早晨不管您起得多早，都要在您临走前叫醒我，再教我一次煮豆子的方法。

"妈妈，今天您一定很累吧，我心里明白，妈妈是在为我们操劳。妈妈，谢谢您。不过，请妈妈一定要注意自己的身体。我们先睡了。妈妈，晚安！"

泪水从母亲的眼里夺眶而出。

"孩子年纪这么小，都在坚强地伴着我生活……"母亲坐在孩子们的枕边，流着眼泪，一粒一粒地品尝着孩子煮的咸豆子。一种必须坚强地活下去的念头从母亲的心里生出来。

摸摸装豆子的布口袋，里面还残留一颗豆子。母亲把它拣出来，包进大儿子给她写的信里，她决定把它当做护身符带在身上。

美好人生需要好心态

十几年的岁月飞逝而去,兄弟俩长大成人。他们性格开朗,为人正直,双双毕业于妈妈所憧憬和期望于他们的一流大学,并找到了满意的工作,过上了幸福的生活。

只有活着,才有幸福的可能,才能过上幸福的生活。

活在世上的每个人,都会经历不同程度的困境。困境是生命中的一部分,是在困境中沉沦,还是在困境中崛起,全在你自己是否心中时刻充满着希望。因此,当困难与挫折来临时,人们应平静地去面对,乐观地去处理。希望、信念是人生路上不可缺的东西,只要心中充满着希望,就有了战胜困难的勇气,这时就是死神也会退却。

有一位医生素以医术高明享誉医学界,事业蒸蒸日上。但不幸的是,就在某一天,他被诊断患有癌症。这对他就是当头一棒。他一度情绪低落,但最终还是接受了这个事实,而且他的心态也为之一变,变得更宽容、更谦和、更懂得珍惜所拥有的一切。在勤奋工作之余,他从没有放弃与病魔搏斗。就这样,他平安度过了好几个年头。有人惊讶于他的事迹,就问是什么神奇的力量在支撑着他。这位医生笑盈盈地答道:"是信念,因为我知道，只有活着，才有幸福的可能。"

电视剧《老大的幸福》里的傅老大说过这样一句话："活着就是幸福。"活着，能够每天见到阳光、正常与人交流就是幸福。生命只有一次，不能重来，既然来到人世就该好好地活着，不要浪费宝贵的时间，活着就是幸运的，平平安安、健健康康就是福气。

不要攀比

人与人各有差别，从外貌、性格到能力、地位等都不尽相同，于是在比较之中，攀比也就产生了。

因此，想要消除嫉妒之火，就要保有一颗平和的心，如此方能拥抱快乐。

勇于进取，展现出的是一种战胜困难，超越自我的精神品质。但是凡事过犹不及，进取如果变成了攀比，生活也就变了模样。现实生活中，我们不难看到这种变了形的"勇于进取"的影子，攀比之风的日渐严重，最终毁灭的还是世间的美好。正如培根所说："嫉妒攀比这恶魔总是暗暗地、悄悄地毁掉人间的好东西。"

美好人生需要好心态

很多人都打着"永不服输"的口号大张旗鼓地追逐攀比：小学生们比谁的父母更有地位；大学生们比谁穿的衣服更名牌；中年人比谁家的房子更值钱；老年人则比谁的孩子更优秀；女人们比谁的老公更有能耐；男人们比谁的老婆最漂亮……当更多人开始拿着数据和证明说话的时候，当这种攀比的情绪越来越风行的时候，整个社会就会变得越来越浮躁，甚至社会风气也会随之扭曲。这个时候就真的需要静一静了，好好看看书，修身养性，用智慧洗涤一下心灵，方能行于社会，不至于迷失本性。恢弘志士之气，不宜妄自菲薄。天下之大，我们又何必左右攀比，不但引他人鄙视，还有损于自己的前程。

恬淡平和的生活是许多人都向往的，可是却没有多少人能够做到"不以物喜，不以己悲"。一件小事导致的失落可能就会产生技不如人的想法，一次争斗之后的落魄也许就会产生为什么胜利的不是自己的悲观情绪。当这种情绪蔓延开来的时候，人的心理也就畸形了。

有两个大学生聚在一起，他们开始用自己家乡的人物、特产相互驳难，以此玩乐。

山东的学生说："我们那儿有一山一水一秀才，可谓天下第一。"

山西的学生问:"什么山?"答:"泰山。"山西学生就说:"我们那儿的华山比泰山高多了,有诗为证:'只有天在上,更无山与齐。'"

山西的学生又问:"什么水?"山东学生说:"东海。"山西学生说:"李白写道:'黄河之水天上来,奔流到海不复回'。东海不过属于我们黄河的下流罢了。"

山西的学生再问:"秀才是谁?"山东学生回答:"孔子。"山西学生说:"《论语》上说:'文王我师也,周公岂欺我哉!'可见,孔子是我们周文王的徒弟啊。"引得围观之人哄然大笑。

像这种攀比,只是开玩笑,逗人一乐也就罢了。但是还真有些荒唐的人,做着不知轻重的攀比,置国家大计于不顾,最终误国害己。就像我国古代西晋的时候,王恺和石崇斗富的故事,奢侈攀比之风弥漫了整个西晋,最终也导致了西晋的快速灭亡。其实这种损人不利己的攀比例子不胜枚举,其教训也不言自明。

在任何一场攀比之中,总会有人欢喜有人愁。输的人也是要面子的,没有了面子,便感觉屈辱,最终徒增烦恼,火气自冒。无论是在做哪种事情,无论是在什么场合,不断攀比的话,

美好人生需要好心态

赢了却又开始担心下一个博弈的胜负,不免提心吊胆,一旦下一场的比赛输了之后更是气急败坏,自然难有好心情。人们因为攀比,继而产生无休止的欲望,欲望越大,自身承受的压力和胜负带来的火气也就随之越来越大,这样的恶性循环产生的故事早已是数不胜数。

"宠辱不惊,看庭前花开花落;去留无意,望天空云卷云舒。"这是从古至今许多人标榜追求的一种境界。这种境界中的幸福是那些整天忙忙碌碌,奔波于攀比中的人们很难能体会到的。

就像对待工作一样,不管是不是自己想要的,大家都认为工资高、福利好的工作单位才是最好的。可是好在哪里呢?好的写字楼、好的条件,还是好的名声,这些其实都只是为了别人的羡慕,抑或是为了证明自己不比同学、朋友的能力差。然而你要明确工作究竟是为了什么,是为了自己的生活,还是为了不受别人俯瞰的眼光,相信这是一个值得思考的问题。

如果说只是因为想争个高下,咽不下一口气的攀比还可以理解的话,那么当攀比过度到嫉恨,变成了那种"我得不到,你也别想有"的仇恨心理的时候,就是一件非常可怕的事情了。这种心理对生活、人生、工作、事业都会产生消极的影响。

人总是向往得到最好的东西,这样便可以站在众人的头上一览众山小。然而真的有最好吗?人外有人,天外有天,在无休止的攀比中只会迷失自我。对于自己想得到什么，自己要最清楚，生活是自己的，不是为了别人的注目，为别人的眼光而活着的。攀比是无止境的，如果永远都抱着攀比的心态生活下去，那么每天都将处在水深火热之中。因为攀比的后果是火气自冒。如果每个人都能够悠闲一点，淡然一点，不为小事争名夺利，独守自己的一份安宁，安贫乐道，那将是一种怎样祥和的境界啊！

知足者常乐

知足人生更快乐，粗茶淡饭未必不香，布衣茅屋也不一定就是清贫。只要明白自己内心真实的声音，就能以快乐的心态，享受平淡生活中的天长地久，平常日子中的花好月圆。时常知足，才会活得轻松；过得自在，是一切幸福和快乐的源泉！永不知足，在利益面前没有止境，一味去满足个人欲望者之所以后果可悲，是因为他们不明白客观方面的荒漠不可逾越，这种失去理智的作为，是快乐的生活离其越来越远乃至消失的一个主要原因。

在小镇上有一家五金店，生意一直不错。这家五金

店的老板从事这个行业已长达20年之久,但是他却不太擅长会计业务,从不用账簿。只是简单地把支票放在一个棕色的大信封里,把钞票放在烟盒里,把到期的账单放在票插上。

一天做会计师的儿子回家,翻看桌子上堆放的账单,皱起眉头对父亲说:"爸爸,我帮你做个现代化的记账系统吧,你这样很难核算成本和利润啊!"父亲摇摇头说:"我心里跟明镜似的,清楚着呢!你爷爷是个农民,他去世时只给我留下一条工装裤和一双鞋。后来我来到城市,奋斗了几年,终于有了这家店,后来娶妻生子。如今你们三个都学业有成,找到了不错的工作,我和你妈住在不错的房子里,还有两辆汽车,我现在不欠人家一分钱。你想想,扣去那条工装裤和那双鞋,剩下的不都是利润吗?"知足者不做非分之想。对于他们来说,无病无灾即是福泽,不痛不痒便是幸事。

知足自有知足的快乐,何管别人如何看待!但生活中许多人恰恰总是跟别人比来比去,结果越比越怨气冲天,烦恼难耐,快乐早抛到九霄云外。究其原因,是忘了知足。

第三章 活在现实中

尹一直心情不好,对周围的人和事都充满了怨恨。他已无心按部就班地工作,总是为没评上职称愤愤不平,为领导不重视他的工作而怨气冲天,为集资的楼层不好而懊恼,为能力不如自己的同事获奖而发火,为年底快到手的奖金单位又决定不发而牢骚满腹。他总觉得自己需要什么生活就不给他什么,人们也在疏远他,好像他是一个随时要爆发的"牢骚炸弹"。

好友阳实在看不下去他这样生活。有一天在阳的家里,阳开导他说:"我知道你不欣赏阿Q,一心要做生活的强者。可是,你知不知道,咱们的老总,当他是一名普通工人时,天天下班后把所有人的自行车擦得锃亮;好几次分房,他都把好楼层让给了别人;就是现在当上老总,年薪50万,他也没有高枕无忧,是每天只睡4个多小时,抓紧空闲时间读书,提高自己。这些你能做到吗?做不到,就过你平常人该过的生活,知足吧。"尹把阳的话回味了好几天,终于意识到知足就是一种快乐,从此,他调整了心态,开始重新对待生活。

你是什么样的人,就过什么样的日子,知足常快乐。强者之所以是强者,恰恰是因为他们能够享受过程中的艰辛。如果

你耐不住重要的过程,就不要整天幻想着天上掉馅饼,更不要怨天怨地,让烦恼像病菌一样,永远缠绕着你。

现实生活中的每一个人都希望活得快快乐乐的,然而,如果在人生的历程中把欲望设定得太高,认识不到愿望与现实总是有距离的,你要知道适学会知足是一种理智;或者对自己已经得到的,不去珍惜,这样的人肯定快乐不起来。在利益面前没有止境,一味去满足个人欲望者,之所以后果可悲,是因为客观方面的荒漠不可逾越,自己却偏要拼命往里钻,其结局就可想而知了。这种失去理智的作为,是快乐的生活离其越来越远乃至消失的一个主要原因。

因而知足不仅是快乐的源泉,知足而乐更是一种人生的境界。我国著名建筑学家梁思成的儿子梁从诫先生就是这样一个"不以利自累"的人。

梁从诫先生1949年入清华大学历史系,1952年院系调整后转入北京大学历史系。1958年研究生毕业分配到云南大学历史系任教。后来,他先后担任中国大百科出版社编辑、《知识分子》杂志社主编、《自然之友》协会会长、全国政协委员等职。他的经济条件甚好,收入不菲,但是他不追求物欲,不企望享乐,更不去过一种奢靡的生活，而崇尚勤俭朴素的传统美德，认为它是集众善之链，是一切幸福的中心。它使人通达、平静、知足、无累、快乐……

梁从诫先生无限兴奋地回忆他一生中得益最多的一段时光。"那时候，我的父亲和母亲的精神生活是那样充实，好像盛满了酒的酒杯。在我的记忆中，那段生活是十分美好的，我的父亲母亲有着十分难能可贵的生活态度，一是旷达乐观，其次是知足知止，从不追求超越生命基本需求的物质利益，所以内心永远平静如水。这些高尚品德，培养了我后来对生活的追求。"直到现在，梁从诫先生对父母亲那一代中国传统知识分子"一箪食，一瓢饮，在陋巷，人不堪其忧，回也不改其乐"的境界，仍心怀敬意，并心向往之。因此，他和他的老伴依然住在上世纪50年代的一所老房子里，日常生活也过得简单得不能再简单了。有时儿孙们回来，包一顿饺子，吃一顿炸酱面，倒也心满意足、快乐无比了。

在梁从诫看来，当一个人内心坦然、心境平静的时候，自然也忘记了什么是身外之名，什么是身外之利了。诚如他所说："幸福不幸福，快乐不快乐，并不在于对金钱、利益占有的多少，而在于一个人对待生活的主观

态度。如果一个人的内心世界极丰富,那么物欲就会变成很次要的问题了。"这是一种知足知止的境界,也是一种终身获得持久快乐的境界。

只有摒弃贪心和贪欲的人,才会生活得坦然,没有干扰,没有麻烦,也没有外来的祸害;只有"知足"和"知止"的人,才能立身长久,而且可以免去生活中的许多忧愁和悲伤,让快乐的心情永远占据自己思维的空间,从而尽享生命的乐趣。

第四章　人生需要感悟

快乐从哪里来

有个少年请教一位智者:"我如何才能成为一个自己愉快,也能够让别人愉快的人?"

智者说:"我送给你四句话。第一句话,把自己当成别人。"少年说:"这是说,在我感到痛苦时就把自己当成是别人,痛苦就减轻了,当我喜悦时把自己当成别人,喜悦将变得平和中正。"

智者点头,接着说:"第二句话,把别人当成自己。"少年说:"如此就可以真正同情、理解别人的需求,在别人需要时给予恰当的帮助。"

智者两眼发光,继续说:"第三句话,把别人当成别人。"少年说:"如此是要尊重每个人的独立性,在任何情形下都不可侵犯他人。"

智者说:"第四句话,把自己当成自己。"少年说:"这句话的含义我一时体会不出。这四句话之间有许多

相矛盾之处,我用什么才能把它们统一起来呢?"

智者说:"用一生的时间和精力。"

人到世间上来莫不是为了追求快乐,那么,如何拥有快乐呢?

其一,快乐来自家庭和谐。一个家庭里,每一分子都应该为家庭的和谐贡献,不能自私、执著、计较。如果有人每天只想外出散心、郊游,把家庭视如牢狱、冰窖,甚至本来是亲人骨肉却当成仇人相聚,这样的家庭生活如何会快乐呢?

其二,快乐来自天然环境。居家在山边,可以在山居小路散步;居家在水边,可以在河川堤岸休闲。住宅附近有公园、市场,散步、购物当然可以称心如意;假如居家在人烟稠密的大楼,出门举步艰难,或是住在偏僻陋巷,进出都感不便,当然就会心浮气躁。古代孟母之所以要三迁,现代的富贵人士之所以要找"风水宝地",就是因为环境会影响人的心情。环境对于人们的快乐与否至关重要。

其三,快乐来自人际关系。一个人处身社会,总会有许多朋友。平时参与各种社交活动,和各种人士互动往来,假如自己会做人,经常帮助、赞美别人,则"敬人者,人恒敬之",别人也会对我们赞美、帮助,人际互动融洽,当然就会感到快乐。反之,有的人处事不够圆融,经常嫌这个不好或怪那个不是,自己没有培养好人缘，自然不会获得友谊。难堪、烦恼一大堆，人生怎么会快乐呢？

其四，快乐来自心胸宽广。有时候别人有心把快乐带给你，可由于你心胸不够宽广，没有容纳的空间，快乐则会自然远离。懂得包容，就不会锱铢必较。心胸豁达开朗的人，凡事看得高远，不会被眼前得失所蒙蔽；心量狭隘自私的人，处处与人计较，无法成就大器。一如杜甫以"安得广厦千万间，大庇天下寒士俱欢颜"表现其一心为民的广阔胸襟，如果能以豁达的心胸包容一切，自然能看见美好的世界。

其五，快乐来自内心的宁静。圣雄甘地一生大部分时间住在牢狱里，但他无时无刻不感到安稳自在，就因为他内心永远保持着宁静与淡泊。不论环境如何纷乱，我们每个人都要让浮躁不安的思绪找到一个出口，从内心的宁静中寻得真正的快乐。

其六，快乐来自主动的关怀。心怀慈悲的人常会主动关怀别人。如观世音菩萨常做"不请之友"，以三十二应化身循声救苦，故为众生所尊崇、信仰。从别人的给予中所获得的快乐与满足只是一时的，主动地布施关怀他人，带来的心灵快乐才是真实的。

每个人都希望过得幸福，但是，有人心中往往充塞着执著、乖戾、嫉妒、骄慢等不良的种子。有的人一味追求物质，追求

享受。其实，快乐的人生不在山珍海味，而在清和淡雅；不在盲目追求，而在真诚相待；不在别人的施舍，在自己的努力；不在遥远的未来，在当下的获得。

所以，快乐的根源是：

1. 健康的身心

身心健康是快乐最重要的条件，西谚云："健康生快乐，快乐生健康。"试想，你的身体四大不调，卧病在床，或者你的心中三毒炽盛，障门大开，起惑造业，能快乐吗？有人说欢笑能补脑，胜于服食药物；每日笑口常开，身体自然能健康调和。

2. 仁慈的心念

有仁慈心肠的人，别人会喜欢接近他，他的仁慈行为会让人永铭于心。古代高僧大德的仁慈，如智严躬处疠坊、高庵看病如己，乃至像智舜割耳救稚、僧群护鸭绝饮，他们悲悯众生疾苦的精神，不但为时人所崇仰尊敬，也为后人立下仁慈爱物的楷模。

3. 虔诚的态度

《礼记·大学》说："上老老而民兴孝，上长长而民兴弟，上恤孤而民不倍，是以君子有絜矩之道也。"对人虔敬，可以邻里和睦，兴家旺国。宗教信仰上对真理的追求也须真心虔诚，方可体悟佛性真如。

4. 纯净的信仰

孩子需要依靠父母，生命才得安全；老人需要依靠拐杖，走路才能安稳；黑夜中需要依靠明灯，行人才能看清方向。信仰如同我们的依靠，纯净的信仰能做人生的导航。生活有了信仰，就有勇气面对困难与压力；家庭有共同信仰，精神理念相同，自然能和谐。孔子曾云："仁者不忧"。如果能对人生的穷通得失、成败有无能够不忧不拒，何愁人生不会自在快乐呢？

真心实意去体贴

某家知名公司的董事长决定聘请一位公关主任。这项职位吸引许多人前来应征，到了最后阶段，只剩下两个年轻男子，将接受董事长面试。

第一个男子依约前往面试，就在公司中庭，他看到一个穿着时髦的女孩，手中捧着一沓文件，蹬着脚上的高跟鞋，急急地往前走。

突然，这个女孩一个脚步不稳，跌得四脚朝天！男子连忙走上前去，扶起女孩，女孩尴尬得满脸通红。

第二个男子面试时，也在中庭遇到了同一个女孩，而且巧的是，这个女孩也摔了一跤。不料，这个男子不

但没有上前帮助她，反而立即转过头去，假装没看到就走开了。

当时谁也不知道，这个跌倒的女孩，其实是董事长安排的，目的是测试应征者的反应。而且跌破大家眼镜的是，乐于助人的男子并没有获选，反而是视而不见的男子得到了公关主任的职位。

测试结束后，董事长询问第二个男子："我刚才在中庭看到了一切，你为什么不愿意帮助那个跌倒的女孩呢？"

男子回答："我是这么想的：如果是我，穿着打扮得那么漂亮，却在大庭广众面前跌倒，一定会觉得很没面子，如果还有人急急地过来帮我，我一定会觉得更糟。所以我假装没有看到，我想那个女孩的心里反而会好过一点儿！"

董事长听了，赞许地点点头，心中下了决定：这种反应快速，真正懂得为人设身处地着想的人，才是公关主任的不二人选！

最近市面上推出一款新手机，标榜着屏幕、按键比一般的手机更大，方便老年人使用。

一个人看到这项新商品，兴致勃勃地想去买一只送给父亲。他把这个主意告诉妹妹，但妹妹却委婉地说："我觉得爸爸不会喜欢这个礼物的。"

"为什么？"他听了有点诧异。

"因为爸爸很爱面子，不服老啊！"妹妹提醒道，"你忘了，只要有人跟爸爸说他年纪大了，爸爸都会大发雷霆，他又怎么可能接受老人专用手机呢？"

这个人一想，觉得妹妹说得真有道理，幸好有她的提醒，否则自己的善意，反而会惹爸爸不高兴！

这个人的妹妹不仅考虑"爸爸需要什么"，更在意"爸爸不想要什么"，真是将"体贴"做到了极致！

很多时候，我们感觉自己"好心没好报"，往往是因为我们的好意，根本不是对方所需要的，甚至会让对方感到难堪，也难怪别人不领情！试着站在对方的立场设想，我们就能体会到什么是"真正的体贴"，什么是让身边的人更容易感受到的浓浓的幸福。

工作和梦想

一位开发人员经过想象、构思，解决各种技术难题，开发

出一个新产品，并且在市场上受到欢迎；一位广告人员创造出优美的广告，带来产品销量的增长；一位律师为辩护人赢得了官司；一位官员推行一项制度，为人们生活提供了便利；一位作家创作出了受到读者欢迎的作品；一位建筑师设计出一个标志性建筑；一位企业家将企业发展的战略蓝图变成现实……这种一步步朝着现实而实现的愉悦，只有在工作中才能体会得到。

人的兴趣与特长千差万别，有的喜欢文学艺术，有的喜欢科学，有的人对数字相当敏感，有的对于人际交往、管理十分感兴趣，有的在商业领域有天分，有的则对政治领域及公共行政管理抱有浓厚的兴趣，而这些都有相对应的职业、事业。

如果这些工作与他的兴趣相一致，那么，他的快乐来源于工作，工作使他快乐。这种人是最为幸福的。

苏格兰哲学家卡莱尔说过："祝福那些找到心爱工作的人，他们已不需企求其他的幸福。"

普通人一天工作8小时，一周工作40个小时，以40年来算，有83 200个小时。如果在自己的工作中并不快乐，对于人的一生来说，那是一件多么悲惨的事！

相反，一个人有符合自己兴趣的工作，却是另外一番景象。

张艺谋是国内最著名的导演。他拍的影片风格各异，但画面感都十分的强,并凝聚着他对于生活、人性的思索,他有多部电影在国际上获得大奖。拍电影并不是一件十分容易的事,抓剧本、反复修改,找投资方,物色演员、工作人员,踩景,现场拍摄,剪片,冲洗。将想象中的故事完全还原成现实,拍成影片,呈现在观众面前,是一个漫长的过程。有的剧本时间跨度可能在两三年左右。

张艺谋的几部电影,风格、故事、题材跨度都很大,然而几乎都很成功。很多人请教他如此成功的秘密,他说,他就是喜欢搞电影。

发明家爱迪生也是一个例子。他差不多每天在实验室工作18个小时,就在实验室吃饭睡觉,却丝毫不知其苦,他曾说自己一生中从未做过一天"工作",每天都过得乐趣无穷。

现实的压力常常让人放弃梦想。有的迫于供房及养家的压力,做着一份安稳的工作,直到工作激情逐渐消磨。有的人活在别人的眼光中,往往找短期看起来更体面、更高薪的工作,而自己的梦想早已经不知道在何方。

有一个故事,恰好说明了人们的梦想丢失的过程。

有一对兄弟,他们的家住在80层楼上。有一天他们外出旅行回家,发现大楼停电了,电梯无法工作。于是,他们背着两大包行李开始爬楼梯。爬到20楼的时候,他们开始觉得累了,哥哥说:"包太重了,不如这样吧,我们把包放在这里,等来电后坐电梯来拿。"于是,他们把行李放在了20楼,感觉轻松多了,继续向上爬。

他们有说有笑地往上爬,但是好景不长,到了40楼,两人实在太累了。想到还只爬了一半,两人开始互相埋怨,指责对方不注意大楼的停电公告,才会落得如此下场。他们边吵边爬,就这样一路爬到了60楼。到了60楼,他们累得连吵架的力气也没有了。弟弟对哥哥说:我们不要吵了,爬完它吧。终于,80楼到了!兄弟俩兴奋地来到家门口时才发现,他们的钥匙留在20楼的包里了。

这个故事其实就是反映了我们的人生:20岁之前,我们活在家人、老师的期望之下,背负着很多压力、包袱,自己也不够成熟、能力不足,因此步履难免不稳。20岁之后,离开了众人的压力,卸下了包袱,开始全力以赴地追求自己的梦想,就这样愉快地过了20年。可是到了40岁,发现青春已逝,不免产生许多遗憾和悔恨，于是开始遗憾这个、惋惜那个、抱怨这个、嫉恨那个，就这样在抱怨中度过了 20 年。到了 60 岁，发现人生已所剩不多，于是告诉自己不要再抱怨了，就珍惜剩下的日子吧！然后默默地走完了自己的余年，到了生命的尽头，才想起自己好像什么事情也没有完成。

原来，我们所有的梦想都留在了 20 岁的青春岁月，还没有来得及完成。

有些人之所以容易成功，往往得益于敢于忠于自己的梦想，无所畏惧，一味向前。也有一些"土头土脑"的人容易成功，论智慧、论精明，他均不及那些聪明人，但是正是那种做事一根筋的执著与专一，使他取得成功。也有一些已经有所得的人，他们做事瞻前顾后，前怕狼后怕虎，往往在迟疑中，与幸运之神擦肩而过。

普通人总会怀疑那些有梦想的人，没有抱负的人则讨厌梦想这个词。如果你有梦想，未必一定要与所有人分享，去征求他们的意见。你最好只与几个了解你的人，或是曾经在这方面成功过的人分享，听听他们是如何实现梦想的，他们遇到困难时是如何解决的。

梦想有时就像泥中的竹笋，总是埋在土里生长很长的时间。在土里生长的时候，如果老是拨开土来，让别人看，来料定是

否可以长好，没有太多的好作用，反而会使它早早死在土里面。

梦想会释放你的创造才能。创造性的工作，可以使你在例行的工作与技能之外，发现新的规律，运用新的方法，打破一般的思维，使得工作成本更低，更具效率，更有成效。同时，也有更大的收益。创造性的注入还能使你的工作更具有建设性，并有里程碑式的意义。

创造并不是不切实际的，每个普通人都有创造的潜能。

有些创造是非连续性的，比如电灯的发明，完全从无到有；有的则是连续性的，比如军用飞机到民航机。有的创造是发现新的要素，有的则是原有要素新的组合。

涉猎多门学问有助于创造性。1979年诺贝尔物理学奖金获得者、美国科学家格拉肖说："涉猎多方面的学问可以开阔思路对世界或人类社会的事物形象掌握得越多，越有助于抽象思维。"

生活中注意观察思考，素材的积累才会增加创造性。

黑格尔说："单凭心血来潮并不济事，单靠存心要创作的意愿也召唤不出灵感来。"谁要是胸中本来没有什么内容在鼓动，不管他有多大才能，他也绝不能凭着这种意愿就可以抓住一个美好的意思或是产生一部有价值的作品来。

对自然界的事物进行体悟与观察也能增加创造性。

第四章 人生需要感悟

鲁班爬山时，手不小心被一种丝茅草割破，疼痛之余，他惊诧柔弱的小草竟如此锋利。他怀着浓厚的兴趣研究、琢磨小草的构造，终于找到了秘密所在：草叶边缘的毛刺就是利器。用同样的方式处理一下铁片，岂不可以断木如泥？锯子的雏形就这样产生了。

人生需要梦想，需要希望，某种意义上说，有梦想才有希望，有希望才有支撑，梦想和希望能支撑着人们去克服难以逾越的困难。没有梦想的人生是一种缺憾，是一次不完整的旅行。人生需要梦想，梦想如同风帆，给人生的小舟注入前进的动力；梦想如同明灯，给人生的跋涉指明前进的方向。人生需要梦想，人人需要梦想，唯有梦想才能唤起希望和生存的力量。坚持自己的梦想，活出精彩的自我，这需要绝对的毅力和执著。

任何梦想，都需要脚踏实地地去实现。当我们认识到自己的梦想无法实现时，不如转身选择更切合实际的目标。人生，需要脚踏实地，不需要空洞的虚无缥缈的所谓梦想。找到适合自己的道路，未必不是一种快乐。我们追求任何梦想，最终不过是追求幸福，不要因为那些虚无的梦想，丢弃了真实的幸福。

人生需要正向思考

培根曾经说:"顺境的美德是节制,逆境的美德是坚韧。"正向思考在顺境中,就是起到了一种节制的作用。得意、欢乐虽然都是顺境中的感受,但是如果不加节制,就会物极必反,得意而忘形,乐极而生悲。

有一个老者,他早年丧妻,生活贫苦,独自抚养两个儿子长大,受尽了磨难,但是仍然坚持让两个孩子上学,因为他总想着未来会有翻身的一天。两个儿子也很争气,学习一直非常用功,为人忠诚,受人喜爱。在一年的科举考试中,兄弟俩分别考取了探花和榜眼。听到这个结果,老者激动得不得了,感慨自己终于有了翻身的机会,可以摆脱贫苦了,于是再也不去劳作,处处向人炫耀。但是好景不长,还没等两个儿子做上官,老者就因大喜过度而猝然去世。

老者终究没有真正体验到翻身之后的生活,辛苦劳作一生也没能抵过这一次大喜。逆境的确需要我们借助正向思考去扭转,去战胜,但是顺境更需要正向思考作平衡、作保护。失去了正向思考的力量，人生就容易迷失方向，无论是身处顺境还是逆境，我们都需要正向思考，只有牢牢握住这个积极因素，我们的人生才能永远朝向正面。

一、行动改变境遇

思考决定行为，只有思想明确才能行动明确，但是有句话说："心动不如行动"，心是指向，行动直接导向结果。无论是顺境逆境，我们都需要付诸行动。其实我们随时都在行动，随时都在被思想所控制。比如你在一条马路上行走，走到一半时你看到前方有一个障碍物，你可能会继续行走越过它，也可能选择另外一条路绕开它，这就是行动，而不同的行动必然导致不同的结果。

俗话说："天上不会掉馅饼"，任何好的结果都需要通过行动去实现，思想不可能逾越行动而直接到达结果，无论思想是多么正面。思想是路，行动是脚，没有行程就没有长远，没有速度就没有成绩，我们只有沿着正确的思路，脚踏实地走好每一步，思想不是空想，结果才能真正显示思想的价值。

二、正向思考对行动的驱动力

行动直接导致结果，但是思考才是决策者，没有思考，就没有行动，更不会有结果。思考方向决定行动趋向，正向思考

总会给我们带来积极的结果,这是因为正向思考之于行动的正确驱动作用。

美国地产大王特朗普早年曾在曼哈顿做成了他人生中的第一笔地产生意。当时他买下了西34号街的宾夕法尼亚中央铁路停车场,希望可以在政府的支持下开发一个中档居住社区。但是由于当时政府资金周转不足,特朗普失去了资金支持,于是项目无人问津。但是特朗普并没有泄气,他仍然信心满满地相信这块地的价值,并且开始向人们宣传这块地非常适合作会议中心。经过一番努力,他终于实现了自己的目标。

积极的、坚持不懈的想法使特朗普始终都在为实现投资而行动,当然行动也如他的想法一样积极。可见,正向思考对行动有着十足的积极驱动力,那么,正向思考对行动都有哪些作用呢?

1. 始发性

正向思考如同发动机,没有正向思考,就不会有积极正向的行动。它给予行动积极向上的力量,使行动更有价值和意义。

2. 方向性

正向思路才能真正决定出路，负面思路决定的只是死路。如果一个人没有正向思考作导向，就很容易偏离正轨，生活也会像一盘散沙。

3. 连续性

持久铸造经典，坚持可以创造奇迹。连续的正向思考为行动提供长久的动力，使行动具有连续性。

4. 有效性

正向思考对行动有事半功倍的作用，只要按照正向思考的方向行动，就能获得正向的结果。

当然，正向思考得以发挥以上作用，需要正向思考被持续利用才能产生，它需要被我们培养成一种连续的状态，固化为一种惯性思维。任何成功的诞生都是正向思考连续作用的结果，只有这样行动所受到的驱动力才是持久、有力、指向性明确的。

易卜生曾经说过："不因幸运而故步自封，不因厄运而一蹶不振。真正的强者，善于从顺境中找到阴影，从逆境中找到光亮，时时校准自己前进的目标。"这句话深刻地揭示了正向思考在逆境与顺境之中的作用。

顺境提高自控力，逆境磨炼意志力。可见，无论是面对顺境还是逆境，我们都离不开正向思考，只有充分发挥正向思考

的力量，我们才能提高自己、完善自己，从而创造一个美好的人生。

5. 实践性

如果你目前一切都非常顺利，甚至小有成就，请不要松懈，用正向思考给自己一个提醒，认清前方的形势，为自己下一阶段的突破蓄积能量。

想想目前生活中有什么事让你觉得不顺利，利用正向思考转变你对它们的态度，然后采取积极行动，逐一地破除它们。

同成功的人多多交流，特别是那些在某些领域常年处于不败之地的人；或是看一些相关的访谈类节目，了解成功人士的思想，并将它们用到自己的生活中。

"世上并没有非走不可的路，没有非想不可的人，没有非做不可的事，让该来的来，该去的去，这样你我就有了一颗快乐的心。"快乐无处不在，只是因为每个人看问题的角度不同，思考问题的出发点也不同，所以得到的结论也就不尽相同。

要有危机感与忧患意识

19世纪末，美国康奈尔大学做过一次有名的实验。把一只青蛙放到盛满凉水的大锅里，然后，用小火慢慢加热，青蛙没有感到温度的慢慢升高，一直在水中欢快地游动。随着水温逐渐增高，青蛙的游动渐趋缓慢。等到温度升得很高时，青蛙已变得非常虚弱，无力挣扎，慢慢而又安乐地被煮死。

第二次科学家把一只青蛙放到盛满开水的大锅里。这只青蛙一入水，便马上感觉到环境的变化，迅速挣扎，蹦跃出水，虽受轻伤，却避免了被煮死的命运。

美国康奈尔大学做的著名的煮青蛙实验告诉我们，迅速的环境变化往往能调动起机体的反应机制，缓慢变化的环境往往是最危险的。我们应保持高度的觉察能力，并且重视造成组织危机的那些缓慢形成的关键因素。

孟子云：生于忧患，死于安乐。在生活中，突如其来的外在刺激或强敌往往能使人奋起，发挥出意想不到的潜力，而慢慢地腐蚀却往往使人防不胜防，一蹶不振。当生活的重担压得我们喘不过气，挫折、困难堵住了四面八方的通口时，我们往往能发挥意想不到的潜能，杀出重围，开辟出一条活路，可是在贪图享乐或是志得意满、维持功名的时候，反倒会在阴沟里翻船，弄得一败涂地，不可收拾！

后唐庄宗李存勖是李克用的长子。自幼喜欢骑马射箭，胆力过人，为李克用所宠爱。少年时随父作战，

11岁就与父亲到长安向唐廷报功,得到了唐昭宗的赏赐和夸奖。成人后状貌雄伟,作战勇敢。当时,军阀混战、占据河东的李克用常被控制河南的朱全忠(即朱温)牵制围困,兵力不足,地盘狭小,非常悲观。李存勖劝说其父:"朱全忠恃其武力,吞灭四邻,想篡夺帝位,这是自取灭亡。我们千万不可灰心丧气,要积蓄力量,等待时机。"李克用听后大为高兴,重新振作起来,与朱全忠对抗。

李克用临死时,交给李存勖三支箭,嘱咐他要完成三件大事:一是讨伐刘仁恭(刘守光),攻克幽州(今北京一带);二是征讨契丹,解除北方边境的威胁;第三件大事就是要消灭世敌朱全忠。李存勖将三支箭供奉在家庙里,每临出征就派人取来,放在精制的丝套里,带着上阵,打了胜仗,又送回家庙,表示完成了任务。公元911年,李存勖在高邑(河北高邑县)打败了朱全忠亲自统率的50万大军。接着,攻破燕地,将刘仁恭活捉回太原。九年后,他又大破契丹兵,将耶律阿保机赶回北方。经过十多年的交战,李存勖基本上完成了父亲遗命,于公元923年攻灭后梁,统一北方,四月,在魏州(河北大名县西)称帝,国号为唐,不久迁都洛阳,年号"同光",史称后唐。

李存勖在战场上出生入死，不惜生命，是员勇将，但是在政治上，却是一个昏暗无知的蠢人。称帝后，他认为父仇已报，中原已定，不再进取，开始享乐。他自幼喜欢看戏、演戏，即位后，常常面涂粉墨，穿上戏装，登台表演，不理朝政，并自取艺名为"李天下"。有一次上台演戏，他连喊两声"李天下"！一个伶人上去扇了他个耳光，周围人都吓得出了一身冷汗。李存勖问为什么打他，伶人阿谀地说："李（理）天下的只有皇帝一人，你叫了两声，还有一人是谁呢？"李存勖听了不仅没有责怪，反而予以赏赐。伶人受到皇帝宠幸，可以自由出入宫中和皇帝打打闹闹，侮辱戏弄朝臣，群臣敢怒而不敢言。有的朝官和藩镇为了求他们在皇帝面前美言几句，还争着送礼巴结。李存勖还用伶人做耳目，去刺探群臣的言行，置身经百战的将士于不顾，而去封身无寸功的伶人当刺史。此外，李存勖还下令召集在各地的原唐宫太监，把他们作为心腹，担任宫中各执事和诸镇的监军。将领们受到宦官的监视、侮辱，读书人也断了进身之路。同时，李存勖又派伶人、宦官抢民女入宫，有一次，竟抢了驻守魏州将士们的妻女一千多人，搞得众叛亲离，怨声四起。

　　最后伶人郭从谦趁军队都调到城外候命之机发动兵

变，带着叛乱的士兵乱杀乱砍，火烧兴教门，趁火势杀入宫内，在混乱中射死了前来带领侍卫抵抗的李存勖，身死国破的李存勖死后的庙号为庄宗。欧阳修是这样评价庄宗的："方其盛也，举天下之豪杰，莫能与之争；及其衰也，数十伶人困之，而身死国灭，为天下笑。"

人的发展需要危机感与忧患意识。人们一旦意识到自己所处的社会环境是不利的或者是相对劣势的，一般都会尽最大的努力去提高自己或直接改造自己所处的环境，以达到自己与社会环境的统一和平衡。但当人们对自己所处的环境很满意时，则会在相对平衡中失去潜在的积极性与进取心，从而放弃努力。这样，一旦环境因素有了变化，就会出现对新环境的不适应，又缺乏应有的适应能力，最终会被新环境所拒绝或淘汰。

人生旅途中，逆境催人警醒，激人奋进，而安逸优越的环境却消磨人的意志，使人耽于安乐，尽享舒适，常常一事无成。有的人甚至在安逸之时沉溺酒色，自我毁灭。这与青蛙临难时的奋起一跃和温水中的卧以待毙是何其相似。

"生于忧患"是千古不变的名言，春秋时越王勾践卧薪尝胆的故事是它最好的注解。那时，勾践屈服求和，卑身事吴，卧薪尝胆，又经"十年生聚，十年数训"，终于转弱为强，起兵灭掉吴国，成为一代霸主，勾践何能得以复国？这是亡国之辱的忧患使他发愤、催他奋起的结果。这说明，当困难重重、欲退无路时，人们常常能显出非凡的毅力，发挥出意想不到的潜能，拼死杀出重围，开拓出一条生路。

在快速发展的现代社会，环境对个人的要求是不断提高的，社会本身也是不断发展与进步的，因而没有绝对的平衡，也没有绝对的适应，人们的生存危机总是存在的，因此，每个人都必须要有一定的危机感和忧患意识。

第五章　自己的路自己走

自己的主意自己拿

在人类进化的过程中，为了适应生存环境，我们的祖先改变了爬行的行动方式，学会了直立行走。在职场中，我们也经常会面临挑战，或因为工作环境，或因为人际环境。在这些挑战面前，一个问题也随之出现：是坚持自我，还是做出改变？

在影片《穿Prada的恶魔》中，年轻的女孩安德莉亚是名校毕业的高才生，一心想成为一名记者。然而苦于没有机会，于是她选择了"曲线攻略"，应聘进入以介绍最新流行时尚、服装、设计为主的《Runway》杂志担任编辑，借杂志的知名度及这段工作经历为自己敲开记者这个行业的大门。

安德莉亚的老板米兰达是《Runway》杂志的总编辑，是时尚界颇引人注目的发言人，对整个时尚界具有极大的影响力。但她性格古怪，为人刻薄，对待下属更是十分苛刻，训起人来丝毫不留情面。安德莉亚的工作基本上以跑腿为主，连接听电话、帮老板买咖啡、订餐、处理个人杂事也在她的工作范围之内。此外，安德莉亚还要忍受来自同事们的嘲笑与刁难，她们毫不客气地嘲笑她的身材，认为她对时尚品牌毫无品位。安德莉亚承受着米兰达的各种要求，不论那些要求多么的古怪或是刻意的羞辱。同时，她也忍受着同事们的嘲讽，尽管那些嘲讽根本就不符合现实。因为她不轻言放弃的个性促使她坚持下来，相信自己只要在这个岗位上坚持一年，她将离自己的梦想更近。

  安德莉亚一边工作一边学习，并从穿衣打扮方面改变自己，渐渐地，她以一个时尚女郎的身份融入了时尚圈，工作越来越得心应手，不仅令惯于嘲笑她的同事爱米莉刮目相看，连挑剔的老板也无声地默认了她的进步。与此同时，安德莉亚也付出了不小的代价：在与老朋友的聚会中迟到，与男朋友出现很大的分歧，凌晨两点仍在办公室忙碌,周末休息时间也被老板占用。然而，安德莉亚没有发现这些改变，只是在不知不觉当中与自己的亲朋好友、曾经熟悉的生活越走越远，与时尚圈那浮华的生活方式越走越近。当男朋友、旁人指出她的变化时，她这样为自己辩解："我别无选择。"

在前往巴黎参加时装周的过程中,安德莉亚看到米兰达面临离婚强颜欢笑的苦涩,以及为了保住自己的饭碗而不惜出卖朋友的现实,她才醒悟到这样的工作圈和生活圈都不是她想要的。在车上与米兰达的短暂谈话使她恍然大悟:其实自己仍然能够选择。于是,她毅然离开了米兰达,离开了时尚界,找到了一份记者的工作,找回了男朋友,回归到了自己的生活当中。

从安德莉亚这一段职场经历中,我们可以看到,想要胜任这份工作,令老板满意,她必须改变自己,将自己变成与老板一样的人。然而,当她真的改变了自己,胜任了工作,却又发现自己为之努力的工作和生活方式并不是自己想要的。最终,她没有走进那个利欲熏心的圈子,而是坚持了自己的梦想。从影片当中,我们可以得到这样两个启发:为了胜任工作,我们可以做出适当的改变;不管如何改变,我们不能放弃自己的信念。

每个人都有自己的个性,同时,每个工作环境都有其特性,当个人的特质与同事的共性、工作环境的特性不完全相符,甚至发生冲突的时候,仅凭个人的力量是很难与集体或大环境抗衡的。为了更好地完成工作、处理好职场人际关系,我们有必要对自身的一些习惯、个性做出调整、改变,以更好地适应职场。

比如说，改变自己一些不好的性格特点、不够成熟的处世方法、与职场环境大相径庭的行为方式、明显落后于时代或职场发展的观念和知识技能等。

改变，并不等于否定自己、放弃自己，而是要让自己变得更加成熟、完美。因此，对于那些优秀的特质，我们绝对不能轻易放弃，更不要放弃自我一味地去迎合环境、领导及同事。要知道，工作只是工作，而我们本身才始终是人生的主体。对于工作上的一些见解、认识，如果我们确定是正确的，要坚持下去，不能为了与大家打成一片而一味从众。不盲目从众，保留的不仅仅是自己的主见和个性，还有可能是脱颖而出的机会。所以，该坚持的，一定要理直气壮地坚持下去。

坚持还是放弃，不是一个简单的二选一问题，而是要具体问题具体分析。应坚持合理的，放弃不合理的，保留正面的，剔除负面的，做到适应环境，顺利地在职场中生存、"进化"。

脚踏实地，成功没有捷径

司马光是北宋杰出的政治家、文学家、史学家，历仕仁宗、英宗、神宗、哲宗四朝。他主持编纂了中国历史上第一部编年体通史《资治通鉴》。

　　《资治通鉴》是中国历史上第一本编年体通史,记述了从周威烈王二十三年(公元前403年)到五代后周显德六年(公元959年),共计一千三百六十二个年头的历史。全书共计二百九十四卷,另三十卷,《考异》三十卷。这部书选材广泛,除了有依据的正史外,还采用了野史杂书三百二十多种,而且对史料的取舍非常严格,力求真实。这部书所记述的内容也的确比较翔实可信,历来为历史学家所推崇。《资治通鉴》是一部伟大的史书,对后世影响极大,毛泽东主席一生批阅《资治通鉴》达17次之多。

　　司马光为编定《资治通鉴》翻阅了大量的书籍资料。宋神宗允许他借阅"集贤"、"昭文"、"史馆"三大书库的所有书籍,并特许可借阅"龙图阁、天章阁及秘阁"的藏书。宋神宗还将自己私藏的二千四百余卷书献出来,供司马光参考。除此之外,司马光还参阅了大量的野史、谱录、正集、别集、墓志等资料,共222种,计三千多万字。

　　司马光学风严谨,严于律己。他为自己制定规矩,每三天必须修改一卷。一卷史稿四丈长,平均一天修改一丈多,如果有事未能完成,事后必须补上。"焚膏油以继晷，恒兀兀以穷年"，每天晚上秉烛工作到深夜，第二天凌晨又起身继续工作。天天如此，十九年如一日。夜里，他怕睡过了头，便让老仆人用圆木做了个枕头，木枕光滑，稍稍一动，头即落枕，人便惊醒。后人称此枕为"警枕"。司马光的住处，夏天闷热，无法工作，司马光便让人在屋子里挖一个大坑，砌成一间地下室。地下室冬暖夏凉，成了他编书的好地方。司马光修改过的书稿堆满了整整两间屋子。书法家黄庭坚曾看过其中的几百卷，发现这些书稿全部是用工笔楷书写成的，没有一个草字。

寒来暑往，司马光为编写《资治通鉴》耗去了19年的人生光阴，司马光48岁时开始编写，编完时，已是66岁的花甲老人了。在漫长的19年中，司马光"秉烛至深夜，警枕破黎明"。长期的伏案工作，耗尽了他的心血，刚过60岁，他便视力衰退，牙齿脱落，面容憔悴。《资治通鉴》写成后，还没有付梓，司马光便与世长辞了。

司马光之所以能够成就如此辉煌的事业，主要就在于他能够脚踏实地，一步一个脚印地把事情做好。司马光曾问他的好

友邵雍（北宋著名易学家）："你看我是怎样一个人？"邵氏回答说："脚踏实地人也。"脚踏实地是司马光的品格，正是这份踏实与坚毅，成就了他一生的伟业。

老子说："静胜躁，寒胜热，清净为天下先。"躁热者或许能够引领一时风尚，但终究不过是你方唱罢我登场，如同过眼云烟，在历史的长河中转瞬即逝，不留一丝痕迹。古往今来，能够名垂青史者必是脚踏实地之人。他们清净自守，勤勤恳恳做好每件事，风雨不改。

"书圣"王羲之自幼酷爱书法，刻苦练习，临池洗砚，久之，池水尽墨；抗金英雄岳飞生逢乱世，自幼立志学武报国，寒暑冬夏，苦练不辍。李时珍尝遍百草，方著就《本草纲目》；达尔文游历全球，才写成《物种起源》……纵观历史，大凡卓越成就，必经长年累月积淀而成。心比天高，但又不安于脚踏实地者，便如没有根基的浮萍，会即刻消逝在时代的大潮中。戒骄戒躁，脚踏实地，勤勤恳恳，努力拼搏，我们才能搭好通向理想的阶梯。

"杂交水稻之父"袁隆平，大学毕业后分配到偏远的湘西农校。可他没有忘记"让所有人远离饥饿"的梦想。头顶烈日，他在海南岛寻找优良品种；专注田畴，他仔细钻研水稻变化。他用脚踏实地，实现了造福人类的梦想；他用脚踏实地，成就了一生的传奇。

成功没有捷径，必须脚踏实地，一步一步走向目标。登山家梅斯纳尔的事迹会给我们以启迪。

莱因霍尔德·梅斯纳尔，1944年9月17日，出生在意大利南蒂罗尔的山区。当代最伟大的登山家之一，意大利的登山皇帝，一个与山为伍、探险终身的人，第一个征服了世界上14座顶峰的人。在登山界，莱茵霍尔德·梅斯纳尔被称为"山峰先生"。1978年，莱茵霍尔德·梅斯纳尔无疑是登山界的风云人物，因为他和他的同伴彼得·哈比勒完成了人类历史上首次无氧攀登珠穆朗玛峰的壮举。更值得一提的是，他是唯一真正的单人，不携带氧气设备，在季风后期攀登珠穆朗玛峰的人。

在梅斯纳尔之前的那些登临高峰的人们，一般在目标选定之后，为了保存体力，都会选择乘直升机抵达山前的最后一个小镇。无一例外都携带着一套又一套繁重的登山绳索和氧气瓶之类的辅助物品，并逐步建立高山营地，借助众多身强力壮的当地向导。与一般登山者相比较，梅斯纳尔的生理机能并没有任何超常之处。他成功的秘诀就是：从低处开始登山。直接乘直升机抵达大本营对于身体的调节是不利的，这种看似直达目的地的方式，忽略了身体机能与环境磨合的契机。与此相反，梅斯纳尔坚持徒步到大本营，从低处就开始调节身体，调节呼

第五章 自己的路自己走

吸的节奏来应对空气密度的改变。选择低处作为出发点，正是梅斯纳尔独特的经验和智慧。

成功也就在此，是没有捷径可走的，必须自己一步一个脚印脚踏实地去做。任何的偷懒取巧都是不可取的，就如那些自认为乘坐直升机可以更快到达山顶的人。

人生需要脚踏实地。天上掉不下馅饼来，只有汗水和艰辛才会孕育硕果累累的秋天，也只有付出劳作的人们才有资格拥抱秋天、品味秋天、享受秋天。我们需要梦想照进我们的现实，可我们更需要用脚踏实地的品格去实现我们的梦想。用实干完善自我，用实践成就自我，脚踏实地的品格让每个人梦想的翅膀挥舞得更美丽，更有力！成功无捷径，贵在肯登攀。

怎样对待压力

世界上不存在任何没有压力的环境。要求生活中没有压力，就好比幻想在没有摩擦力的地面上行走一样，都是不可能的，因此，关键在于怎样对待压力。

有一个体重300斤的小伙子，由于太胖了，姑娘都不愿意嫁给他，他很苦恼。于是，他求牧师赐予自己一位美丽的姑娘为妻，牧师看他很虔诚就答应了他。第二天，小伙子一开门，果然见到一位美丽的姑娘，与他理想的妻子一模一样。他兴奋地就要上前拥抱她，姑娘闪开说："你太胖了，如果你能在两个月内追上我，我就嫁给你。"说完姑娘就跑了，小伙子在她后面努力追赶，终于在两个月后追上了这位姑娘，这时他的体重下降了60斤，姑娘答应第二天就与他结婚。次日，小伙子一开门，看到的不是那个他理想的妻子，而是一位奇丑无比的姑娘，姑娘开口说：我要嫁给你，吓得小伙子拔腿就跑，丑姑娘就在后面穷追不舍，又过了两个月，丑姑娘终于追上了小伙子，小伙子的体重又下降了60斤。这时的小伙子经过了四个月的奔跑后体重是180斤，健壮而帅气，而姑娘也恢复了原来的美貌，两人结为伴侣。

当然，这只是一个很有意思的笑话，但却说明，生活中压力与动力总是相辅相成的，人是需要有一定压力的，有压力才能催着自己向前走。

外向者与内向者的差异处有很多，其中一条就是神经敏感程度要差。这种特质使外向的人面临压力时更从容不迫，不会那么紧张。

美好人生需要好心态

金融危机的寒风刚刚吹起,企业界就罩上了一片阴云,德国巨富阿道夫·默克勒在自己家附近的铁路上自杀身亡,英国金融时报就此事刊发了标题为信贷危机闹出人命的黑色消息。

阿道夫·默克勒,1934年生于德国东部城市德累斯顿,1967年继承父业,接手了一个只有80名员工的药厂,一步步打拼。在他的经营管理下,这个小企业后来发展成为一个庞大的企业帝国,拥有120家公司和10万名员工,经营范围从生物制药业到水泥制造业,覆盖面广阔,包括通益药业有限公司及德国最大的水泥制造商海德堡水泥公司。据一位律师保守估计,默克勒以约70亿欧元的个人净财产(大约92亿美元)居德国富豪榜第五位,在全球福布斯富人排行榜上排第94位。这样一个德国富豪领袖却偏偏走上了自杀的绝路。

逝者的悲哀让人不胜欷歔,有些人生前是风光无限、光芒万丈的企业精英,然而在压力面前,却没有扛过去,以消极的方式结束了自己的生命,他们的死因尽管各有不同,但相同的是在绝望中,他们选择了逃避。长期生活在繁荣和高增长环境下的精英们,在危机的压迫下,不知不觉间丧失了他们久违的创业精神——坚忍以及抗压精神,没有坚忍不拔、坚定不移、坚持不懈地在困难中坚挺下来着实令人感到惋惜。

现代社会是一个高压社会，尤其在企业高层中，压力更是普遍存在的，决定职场中最终成败的往往不是能力、经验与训练，而是驾驭压力的能力。

史玉柱是安徽人。1989年，他研究生毕业后下海，在深圳研究开发M6401桌面中文电脑软件，获得成功。1992年，他成立巨人高科技集团，注册资金1.19亿元，被1995年7月号《福布斯》列为中国内地富豪的第8位，而且是唯一一个靠高科技起家的企业家。

他曾经是莘莘学子万分敬仰的创业天才——5年时间内跻身财富榜第8位；也曾是无数企业家引以为戒的失败典型——一夜之间负债2.5亿元；而如今他又是一个著名的东山再起者，再次创业成为一个保健巨鳄、网游新锐、身价数十亿的企业家。从人生的顶峰跌到低谷，又重新爬起，史玉柱制造的传奇比很多颇受推崇的企业家更让人赞叹。

十年前，没有人会相信他能东山再起。以至于当他一个人在人去楼空的办公室时，没有人愿意去打扰他。在最灰暗的日子里，要债的人将他逼入了上天无路、入地无门的境地。逼急了，他放出话：我所欠的每一分钱，

第五章 自己的路自己走

我都会还给你们,而且还有利息。这番话自然成了当时最流行的经典笑话。而当年蜷缩在办公室的破产者,现在摇身成为中国最有实力的网游公司的老板,而且还成了中国企业家绝境逢生、置之死地而后生的榜样。

史玉柱凭着强悍的抗压能力重新开辟了自己的天地。俗话说,没有压力就没有动力。史玉柱恰当地驾驭压力,所以他拥有了无穷的动力。

贝弗里奇说:"人们最出色的工作往往是在处于逆境的情况下做出的。"思想上的压力,甚至肉体上的痛苦都可能成为精神上的兴奋剂。很多人都是经过困难的考验才有所成就的。没有无缘无故的成功,经过了风雨后才能见到彩虹。只是,有的人在困境中被压力压垮了,有的人却顶着压力坚持了下来。他们必然是生命的强者。

人,哭着喊着跑到这个世界上来,面临的首要问题就是生存。要生存,就必然遇到竞争;有竞争,就必然有压力。

因此,只要你选择活着,就注定要承受生存所带来的各种各样的压力,如升学、就业、晋职等,不胜枚举,不一而足。

压力未必是一件坏事。如果人的身上没有血压,血液就流动不起来,人的生命就会终结。血压过低,也会有不舒服的感觉,甚至是疾病。没有压力的世界是一个没有生命的世界，没有压力的公司是一个没有动力的公司。无论是做企业、职场或者体育运动，都能发现，压力使人进步。生活的关键不是拒绝压力，而是接受压力、调节压力，不让压力把自己压垮。

只要我们正确对待，完全可以变压力为动力。20世纪60年代，石油战线的劳动模范大庆"铁人"王进喜有句名言："井无压力不出油，人无压力轻飘飘。"铁人对压力给予了正面肯定。

用积极乐观的态度对待压力，化解压力，才能达到身心健康、工作进步的目标。陈毅同志有首诗——"大雪压青松，青松挺且直。要知松高洁，待到雪化时。"

我们只有勇于正视压力，学会承受压力，才能在日趋激烈乃至残酷的生存竞争中，永远立于不败之地。

压力是生活的调味，它让我们的生活更加丰富、多彩多姿。正确对待压力的办法是，善待工作，合理地制订工作计划，分配好工作时间，提高工作效率与效益。平日里，可以与许多工作之外的朋友交流，畅谈生活，分享快乐，以轻松的心情去拥抱工作和生活！

意志自由

"现在你已经到了该自己拿主意的年纪了，"莱蒙内斯告诫一个年轻人说，"否则，不久以后，你就会深陷于自掘的坟墓痛苦哀号中，因为那时你已经无力推开自己的墓前的石门。"我们的意志最容易形成于最初的习惯，因此，要不断学习以培养坚强果断的意志，稳定你动荡的生活，别让它再像落叶那样随风飘零。

伯克斯顿认为年轻人喜欢意气用事，随兴所至，除非他们能够形成坚定的决心并持之以恒，才能终有所成。在给儿子的信中，伯克斯顿写道："现在你已经到了该对自己的人生做出方向性选择的关键时刻，你必须坚持原则，抵御不良影响，形成坚定的决心和意志力。否则就会陷入无所事事、漫无目的和效率低下的状态中，而且你一旦沦落到这种境地，再振作起来就不那么容易了。我年轻时也曾经意气用事，随心所欲，我生活中的乐趣和成功都来源于我在你这么大时所作的转变。如果你现在郑重其事地想要成为一个勤勉用功的人，那么在将来的人生中，你就会感到欣慰和快乐，因为你为你正确的决定而坚定地奋斗过。说到意志，往往就是持之以恒、坚定不移的力量。但是，前提是方向正确和动机良好。如果一个人只追求感官的快乐，那么意志越坚定后果就越可怕。相反，坚强的意志才能真正成为造福人类的君主，而聪明才智才能给你带来快乐和欢愉。"

"有志者事竟成。"尽管人人能这样说，但果真下定决心做某事，并且凭借这种决心，冲破前进途中的种种障碍最终走向成功，却实在值得钦佩。相信自己能够成功，往往就会成功，成功的决心这时就成了成功本身，具有无穷的力量。

拿破仑的座右铭之一是："最真实的智慧就是果断的决心。"他自己不同寻常的一生充分地展示了意志的无所不能，以及可以带来什么样的辉煌。在他面前，整个欧洲为之震动。在翻越阿尔卑斯山的途中，有人报告山路阻挡了军队的去路，他却说："我没看见阿尔卑斯山。"于是一条以前几乎不可攀越的道路因此被开凿出来。拿破仑说："不可能是无能的人的字典中才能找到的字眼。"他自己是个精力旺盛的人，有时候要四个秘书同时待命，而且每个秘书都筋疲力尽，没有一刻闲着，当然他自己也不例外。他的精神深深地感染了其他人，给他们的生命注入了新的活力。拿破仑曾经说："我的将军们是从泥潭里摸爬滚打出来的。"

可敬的威灵顿将军的确是位非常伟大的人物。他不仅有拿破仑的坚毅果敢和百折不挠的精神，而且还有超强的自我克制和勇于承担责任的精神。拿破仑的目标是荣誉，而惠灵顿将军的口号是职责。任何困难都不能使威灵顿尴尬不安、畏惧退缩，困难反而会激发他的力量。在伊比利亚半岛、在西班牙，威灵顿不仅展现了作为将军的军事天才，而且还显露了作为政治家杰出的综合才能。其实他的脾气非常暴躁，但强烈的责任感使他能够克制自己，对身边工作人员的耐心似乎也永无止境。作为将军，威灵顿和思维敏捷，能在艰苦卓绝的战争中，巧妙地指挥战斗；作为政治家，他充满智慧，和华盛顿一样高尚纯粹。他的坚韧精神、英勇无畏和自我忍耐更是他筑就这些伟业的基础。

苦难不是挡箭牌

生活中，难免遇到困难、挫折甚至死亡的威胁，但只要你具备了淡然如云、微笑如花的人生态度，任何困境和不幸都能被锤炼成通向平安的阶梯。

有一位旧书摊主，是位五十多岁的中年男人，头发已开始花白了。虽然他看上去满脸疲倦，但脸上却始终挂着温暖而平和的微笑。他原来在这座城市里一家有名的企业上班，不幸的是他下岗了，妻子又遭遇车祸，躺在床上很长一段时间了。本是小康的生活一下子跌入贫困的深渊。再加上一个读高三的女儿也正是花钱的时候。没办法，他只好出来弄点儿旧书卖，成本不高，周期短，能赚多少算多少，只求能把这个家支撑下去。有时他会对别人讲自己生活中一些颇使人心忧的事，但当他讲述那些常人也许无法承受的不幸时，脸上仍带着淡淡的笑容。

  他本来有套宽敞的住房，但为了支付妻子的医疗费而兑换给了别人。他妻子虽然受了伤，但脸上的微笑和他的微笑一样温暖而平和，根本看不到那种重伤在身、贫困交加的人所表现出来的厌世、焦躁、淡漠的神情。那张脸更清瘦苍白，但发自内心的微笑却如花般灿烂、美丽。处在困境中的他们的女儿，学习勤奋，成绩优秀。她身上散发着一种青春活力，脸上的微笑一如她的父母，温暖而美丽的微笑中散发出自强与希望。

  如果你遇到挫折或不幸，你能像他们那样笑靥如花吗？请你记住旧书摊摊主一家的微笑。

旧书摊摊主一家人在接踵而来的不幸中，仍能示人以如花的笑靥，使人深深感受到那种蕴涵在微笑后面坚实的、无可比拟的力量——那是一种对生活充满巨大的热忱和信心，一种高格调的真诚与豁达，一种直面人生的成熟与智慧。这才是支撑起一个幸福家庭的基石啊。

谁都希望自己的人生充满欢歌笑语，充满鲜花和掌声；谁都希望自己拥有财富与健康，自己拥有别人所艳羡的爱情、亲情与显赫的地位。可是，命运似乎喜欢捉弄人，偏偏让有的人陷入不幸与苦难，从此，生活的阳光被乌云所遮挡，愁苦赶走了欢乐。有的人，在苦难面前一蹶不振，就此沉沦，人生就此滑向泥沼；有的人，在苦难面前奋起，创造了惊世骇俗的人生神话。

美国著名教育家卡耐基说：人在身处逆境时，适应环境的能力实在惊人。人可以忍受不幸，也可以战胜不幸，因为人有着惊人的潜力，只要立志发挥它，就一定能渡过难关。印度诗人泰戈尔也告诉我们：只有经过地狱般的磨炼，才能炼出创造天堂的力量，只有流过血的手指，才能弹奏出世间的绝唱。生活中有许多我们始料不及的事情，正所谓"欲渡黄河冰塞川，将登太行雪满山"。要不，怎么会有"行路难！行路难！多歧路，今安在？"的感叹？但是，这又何尝不是一种磨炼？

第五章 自己的路自己走

欲做精金美玉的人品,定从烈火中煅来。思立掀天揭地的事功,须从薄冰上履过。忧劳可以兴国,逸豫可以亡身,苦难本身并不可以说是福分,但战胜苦难,却可以使人们坚强,在生命淬火中提升自身。苦难是金,苦难是成功,苦难也是一种唤醒内心灵魂的方式,每一位成功的人士,在他们的生命旅途上总会留下苦难的身影,也有着战胜的脚印……

在人生道路上,几乎每个人都曾遭受过或大或小的苦难,这些由挫折、贫穷、疾病、失败组成的苦难阻碍了我们前进的步伐。你是就此打住,还是勇往直前呢?请坚强面对、不屈不挠地奋斗吧,当你在苦难中锻炼了品质、学会了坚韧、取得了成功,那么你才可以骄傲地说:"我把苦难变成了财富!"否则,留下的,只有屈辱。

战胜不幸

生活就像浩瀚的大海,有时风平浪静,有时惊涛骇浪;生活就像四季,有时和风徐徐,有时狂风暴雨。人的一生都会遇到许多困难和挫折,但我们一般人无论自己碰到的困苦是多么微小,总是以为自己到了万劫不复的境地,似乎自己已经是世界上最不幸最痛苦的人。难道厄运真的把我们丢进无底的深渊?

我们还有没有勇气直面痛苦，用自己还可以思考的大脑开始一种新生活，重建自己快乐的生命乐园？

爱尔兰作家克里斯蒂·布朗出生不久就被发现患有严重的脑麻痹，一直到五岁，还不会说话，甚至大部分身体部位都不能活动。面对这样的疾病，不但孩子痛苦，大人看了也苦不堪言。父母带他四处求医问药，始终没有明显效果，最后大家都失去了信心，认为这个孩子也许一生都无法自理，更不敢想他会有什么成就。

这一天，小布朗见妹妹在床上用粉笔画画，他羡慕极了，突然伸出双脚夹住了妹妹手里的粉笔，学着妹妹的样子在床上乱画起来。妹妹哭喊着，妈妈闻声赶来，被小布朗脚夹粉笔画画的一幕惊呆了，她兴奋地喊道："他的左脚还能动！"从此，母亲改变了想法，他认为儿子将来还有希望凭自己的能力在社会上立足。从此母亲开始教他读书认字，从字母开始。结果在第一天晚上，小布朗就用左脚写出了字母A，这证明小布朗的智商没问题，经过一年的努力，26个字母就熟练地通过左脚写出来了。

小布朗并不满足于识字，他更喜欢读书。为此全家人节衣缩食，用省下来的钱给他买各种儿童读物和文学名著，小布朗在文学方面表现出浓厚的兴趣。

时间慢慢过去，小布朗在文学方面的天分逐渐显现出来，他不仅要读书，还要写信，做笔记，甚至有写作的冲动，而用左脚写字远远满足不了这些需求，于是他向母亲提出，要一台打字机。

"孩子，你没有手，怎么用啊？"妈妈小心翼翼地问。小布朗微笑着说："没关系，妈妈，我要成为第一个用脚打字的人！""我以前不会说话，经过不断练习，现在不是和正常人一样，可以畅所欲言了吗？""这个世界上没有不可能，不是吗？"妈妈被小布朗的话感动得热泪盈眶。

后来母亲想方设法为儿子买来一架旧打字机，小布朗像着了迷一样，趴在上面刻苦练习，累了就用脚画画。一开始因为把握不好打字力度，打出来字模糊不清，有时会打烂纸，但是小布朗从不气馁，他坚持每天练习，不论寒暑，从未间断过。

"工夫不负有心人"，他终于如愿以偿地打出了清楚的字，不仅如此，他还能熟练地给打字机上纸、退纸、整理稿件，尽管左脚脚趾长出了老趼，但是这一切对布

第五章 自己的路自己走

朗来说是值得的。

一直萦绕在心头的愿望，在学会打字后变得更加迫切，当他把写一部小说的想法告诉母亲后，母亲又一次犹豫了，她不想再看到自己原本不幸的儿子再有什么不幸，于是她对布朗说："写作是件苦差事，不知要比打字难多少倍，健全的人都很少去尝试，更何况是你呢？""妈妈知道你有远大理想，但是写作并不像你想象得那么简单，需要有广泛的生活阅历，深刻的生活体会，而这些你都不具备。而且你现在年纪太小，等条件成熟后再写也不迟啊！"听了妈妈的话后，小布朗摇着头对妈妈说："不是的，妈妈，每个人都要有自己的理想，我虽然是个残疾人，但是我不能因此成为家里的负担。我要用自己的行动证明，我不是一个没用的人。"

时间不会为任何人停留，但是小布朗抓住了时间。经过几个月的努力，他完成了第一部小说的初稿。他首先念给母亲听，母亲被小说中主人公的不幸遭遇和坚强性格深深感染了，她紧紧抱住儿子说："孩子，你一定能成功，妈妈永远支持你！"在母亲的陪伴下，克服了难以想象的困难，终于在他21岁时，完成了自己的第一部自传体小说——《我的左脚》。

16年后，第二部自传体小说《生不逢时》问世。此书一经出版，便成为一本畅销书，在全球15个国家流传开来。后来在妻子的协助下，小说《夏天的影子》《茂盛的百合花》也相继问世，其间还有三本诗集发表，他发表的最后一部小说是《锦绣前程》。

至今人们还记得《我的左脚》中开篇的那句话："我的左脚支撑起了我的整个生命，我的左脚在创造着自己不屈不挠的生活。"克里斯蒂·布朗只活了49岁，在短暂的生命中，他用一只左脚，将人类战胜困难的精神淋漓尽致地展现出来，给无数残疾人带来希望，几乎所有人都为之震撼。

遭受厄运，这是无可奈何的事。但对待厄运不同的态度，则决定了人们不同的命运。克里斯蒂·布朗并未过度怜惜自己的不幸，而是专注地奋进着、快乐着，用脚书写了自己无悔的人生。因此，不论自身还是生活的处境遭受了怎样的天灾人祸，只要顽强地建立自己的心理乐园，那样，就会重建起比原来更有价值更加美好的生活。

最合适的生活才是最好的

真正幸福的人,往往懂得选择最适合自己的生活。

几乎每个人都希望自己的生活能够与众不同,希望自己能过上更好的生活,然而并不是都能如愿以偿,每个人的理想和追求不同,其现实条件也不同,不同的人有着不同的生活。真正懂得生活的人,不会过分地羡慕别人,而是尽力做自己想做的事,根据自己的个性,寻找适合自己的生活方式。

什么样的生活才是幸福生活呢?这个问题并没有标准答案,因为每个人对于幸福生活的标准都不相同。有的人觉得拥有大量物质财富的生活是幸福的,有的人认为获得精神上的满足才是最重要的。其实一种生活方式,只要自己喜欢,而且适合自己,那就是最好的。

有的人也许在物质上并不富有,但是他们找到了适合自己的生活方式,所以生活得很快乐。他们勤奋工作、俭朴生活,有空儿和爱人子女一起散步,生活中笑声不断,似乎生活中没有任何烦恼。而有的人并没有找到适合自己的生活方式,虽然他们在物质上很富有,住在豪宅,出入有名车,可是依然愁眉不展,整天为一些事情苦恼。更为痛苦的是,他们不懂得放弃那些不适合自己的生活方式,以至于长久被它们所困。

第五章 自己的路自己走

有个人的家中养着一条小狗和一头驴子。每当主人回来时，小狗总是飞快地跑到主人身边，摇着尾巴亲热地朝着主人叫唤，有时还在主人的裤管边蹭来蹭去。主人看到小狗也十分高兴，亲切地抚摸小狗，有时还兴奋地把小狗举过头顶。

这一切被旁边的驴子看在眼里，它十分不高兴，心想自己整天埋头苦干这么辛苦，稍微干慢点儿就要挨打，小狗什么都不干，只要摇摇尾巴就能得到主人的宠爱，看来自己得和主人联络一下感情。

想到这里，驴决定采取行动。这天傍晚主人回来之后，驴也大声叫唤着迎了上去，把蹄子搭在主人的肩上。主人被驴的举动吓了一跳，继而变得十分愤怒，把驴甩向一边，拿起皮鞭就狠狠地抽了起来。

驴在心中叫苦不迭，一个劲儿地埋怨主人偏心。

通过这个故事我们可以看出来，每个人都应当根据自己的兴趣和特长选择适合自己的生活，驴子试图和狗过一样的生活，结果最终受苦的反而是自己。现实生活中也是如此，有的人选对了方向，找到了适合自己的生活方式，从而事业有成，生活

美满，而有的人没有找对方向，觉得生活十分辛苦。有的人原本有着擅长的工作和稳定的生活，却由于盲目跟风放弃了自己眼前的生活，将生活变得杂乱无章。

没有谁能取代得了自己，我们也不能取代别人，世界上没有完全相同的两片树叶，也没有完全相同的两个人。既然每个人对幸福的理解都不同，那么适合每个人的幸福也就不同。要想找到适合自己的生活方式，必须了解自己是一个什么样的人。

曾经有个生活很富足的大姐，依然对生活充满了不满，她逢人便感叹自己生活得不如意。她曾和好朋友说："假如可以拿十万元钱买十年的青春，我一定毫不犹豫地去做。"朋友于是告诉她，时光无法倒流，谁又能和她实现这笔交易呢？她认真地琢磨着这句话，忽然明白了生活的道理。从此她不再抱怨，而是立足现实，静下心来享受属于自己的生活，白天的上班时间自由自在，业余时间与朋友同学聚会、旅游、聊天或参加腰鼓队。她的生活态度发生了巨大的变化，人的精神面貌也有了很大不同，无论哪个朋友见了她，都说她好像年轻了十岁。

过了一段时间，她的一个朋友经常对她抱怨，说自己好像背着沉重包袱的蜗牛，每天都活得好辛苦。她仔细一问才知道，原来她最近按揭贷款买了套新房子，仅靠着微薄的薪水还贷，手头十分紧张。于是，这个朋友便觉得生活失去了原有的色彩，仿佛头顶整片天空都是灰色的。她于是劝朋友道，不要把辛苦当做一种包袱，或许这些经历会是一笔无尽的财富，虽然现在生活是有些困难和紧张，但如果现在拥有很多钱的话也不一定就会感觉幸福，人这一生毕竟有许多东西一定要经历，不经历过又怎能体会苦尽甘来的滋味？看看她，不也是这么转变过来的吗？她的朋友听后十分感慨，决定使自己的生活变得丰富多彩起来，做自己快乐生活的主宰。

适合别人的不一定就适合自己，没钱的人羡慕有钱的人，可是他们谁又会体会到有钱人的烦恼呢？亚历山大大帝贵为君王，不也羡慕第欧根尼可以自由自在地晒太阳吗？我们自己拥有的，也许是别人羡慕的，虽然可能暂时有一些困难，但毕竟是暂时的，只要你目标明确并为之努力，幸福或许就在不远的地方招手呢。

这个社会中充满着诸多的诱惑，能坚持自己的喜好的人越来越少，更多的人迷失在别人的世界里。很多人走了很远才发现，原来自己走的路并不能到达自己的目的地，这不是自己所

需要的。东施看到西施皱眉好看,便也学她的模样,却沦为别人的笑柄,留下了"东施效颦"的笑话。选择适合自己的生活方式,才能让自己的生活更幸福,才能做好独一无二的自己。

危机蕴涵契机

人生路上充满艰难险阻,但并不是所有人都会被困难绊倒,困难也并非毫无作用的挡路石。只要随时能以积极的心态面对一切,绝境之中也会有转机,甚至是一个化被动为主动、化险境为顺境的创业机遇。

正所谓"置之死地而后生",危机感会激发你最大的潜力,使你拥有无所畏惧的勇气,因此我们要把它当做创新的源泉之一。人的潜能是无限的,人们要勇于突破自我,激发你的潜在力量。这种潜能可以体现在人的身体上,如人在生死存亡的关头可以激发出扼死鳄鱼的力量,这多半是将人体内的潜在力量激发了出来。当然,这种潜能也可以转移到工作赚钱、创业经商的领域中来。根据对成功人士的长期研究发现,几乎每个成功者在创业中都经历过生死存亡的关头,一种是咬紧牙关挺过来,一种是穷则思变,在绝境中转变思路化险为夷。

两个鞋商去一个与世隔绝的孤岛考察市场。一个先来到岛上，发现这里的居民祖祖辈辈都打着赤脚，没有穿鞋的习惯，鞋子根本无人问津，只好悻悻地离开了。而另一个鞋商也看到这种情况，他却喜出望外，因为他想到如果这里的人改变原来的习惯都去穿鞋，那将是一个潜力多么巨大的市场啊！于是，第二个鞋商选择留下，在这里推广穿鞋的好处。他经过不断努力，终于取得了成功，赚了个盆满钵满。

这个故事告诉我们，思路决定出路，绝境也往往意味着契机。因此，遇上问题时要冷静分析，善于转变思维的角度，积极向着事件的转机方面去思考，也许就会在困境中找出别人所未见的巨大财富。

不过有一点要明白，这里我们说的这个"绝境中激出大智慧"，并不是非要把自己逼到悬崖绝壁处，跟小品里说的"有困难要上，没困难创造困难也要上"是不一样的。实际上，这里讲的是一种等待时机前的储备状态，就像豹子捕捉猎物前的蓄势待发，它不动则已，一击即中。随时保持着危机感，使你时刻处于精力充沛的良好状态，等到机遇一到就能把握住并获得成功。

世界上不存在彻头彻尾的绝境,上帝为你关闭一扇门的同时也会为你开启一扇窗,要想创造人生的财富,就要有积极主动的态度和不停思考的头脑。

也只有那些忍得住苦难,在绝境之中积极寻找出路的人,才能从困境中走出来,看到更多更美的风景,磨炼出更为成熟的心境。

李斯特是一名极其优秀的雇员,虽然才25岁,但已经是一名经验丰富的销售经理,也成了公司的支柱之一。可是在一天早晨,李斯特被告知"公司被卖掉了",更糟糕的是,买家在这个职务上准备另派人选,就是说从这一刻起李斯特失业了。这个消息不啻于晴天霹雳,顷刻间,让李斯特感到自己的一切都失去了,甚至感到又要沦落到小时候那种贫困的生活中去。之后,这种失落的痛苦持续了好几个月。庆幸的是,李斯特通过思考最终从痛苦中走了出来,并且清楚地认识到自己的命运以前都掌握在别人手中,这次为什么不自己来掌握自己的命运呢?于是,他决定自己成立一个地毯销售中心,并从纽约搬到美国地毯之乡——佐治亚达尔顿。

在那里,李斯特花了整整七年时间,不仅使自己从不文一名的困境中走了出来，更让他以决定自己命运的姿态重新起程。现在刚过50岁的李斯特已经有了一家自己的地毯公司，资产已达3000万美元。今天，李斯特仍在为自己的事业而工作，不过大部分时间用于计划和管理他的投资。他已经完完全全地在为他自己工作了，实现了他对自己的诺言：真正掌握自己的命运。

其实，人生路上没有一帆风顺，处处都充满了艰难险阻。16世纪人文主义思想家蒙田在随笔集中论灾难时说："如果人们能够认识到灾难是由我们自己对事物的看法决定的，就会平和很多。"并不是所有人都会被困难绊倒，困难也并非一无是处。只要随时都能以积极的心态面对，绝境之中也会有转机，甚至是一个化被动为主动、化险境为顺境的机遇。

抱怨他人等于影射自己

焦妍牵头的华达宾馆供电系统安装工程的投标文件被废标了，这是她负责的标在7月份第二次被废了。公司主管经营的赵总不得不把她叫去谈一谈。焦妍向赵总罗列了一堆问题："技术标做得太粗糙了，技术组的人

也不检查就扔给我，里面存在很多硬伤；报价标呢，来回来去调整了好几遍，有些数据肯定有问题；还有那几个新来的年轻人，根本就是帮倒忙，让他们调个格式、盖个章都弄得完全不符合要求；另外，咱们签约的那家复印装订社，机器又差员工又笨，标书都装错了好几本……我一个人哪里顾得过来这么多事情？"

"同样是这些人，怎么别人牵头负责的标就没问题呢？"听到赵总的反问，焦妍脖子一扭："哼，你说的不就是孙燕燕吗？人家运气好呗，总赶上关系到位的标。她跟业主和招标代理关系好了，标书怎么做都能通过，"她继续不屑地说，"她也经常出错，只是赵总您不知道罢了。还有啊，上次她还……"赵总不耐烦地打断了她："好了好了，你就别说别人了，先找找自己身上的问题，针对这两次废标写一个报告给我。你先出去吧。"

焦妍的标书被废，她应该深刻反省自己，找到问题所在，而不是错误转嫁到他人身上，这样既冤枉了别人，又贻误了自己，不但对挽回失败没有任何帮助，而且还会使情况进一步恶化，让上司对她失去好感与信心，焦妍以后的命运可想而知。

抱怨，没有任何道理的抱怨，改变了焦妍自己的命运，须知，脚上的泡，是自己走出来的，丝毫怨不得别人，等自己幡然醒悟，已经为时已晚，世界上买不到后悔药。

对周权来说，加班已经是稀松平常的事情了。最近，他基本上每天都是晚上8点多才回宿舍。有时候，周末一个加班的电话就把他揪过去。每次不得不加班的时候，周权都会边干边愤愤地想："只给这么点钱，凭什么让老子做那么多的工作！我干的活已经对得起这些钱了，多一点我也不会好好干！"

频繁的加班，打乱了不少周权的出行计划，不是要推掉同学婚礼的邀请、哥们的聚会，就是无法前去履行与女友的约会。他自己都说不清因为他加班与女友引发的争吵有多少次了，他快无法忍受了。

工作积极性每况愈下，工作质量也越来越差。他自己经常对朋友说的段子是："世上最痛苦的事情是什么？加班。还有更痛苦的么？天天加班。这是最痛苦的了吗？不是，最最痛苦的事情是天天加班却没有加班工资，还要跟女友吵架。"

"就那么点破工资，还得天天加班，都快累死了！"

"什么狗屁领导，一点水平也没有！如果我是主管，比他强百倍！"

"这工作一点技术含量都没有，重复，无聊的重复，简直要把我弄疯了！"

"咱们主管就是一马屁精，瞧他那张马脸。"

……

在职场上，"抱怨就像空气一样无处不在"，职场人只要凑到一起，抱怨是必需的——抱怨公司低廉的薪酬福利、抱怨上司的管理、抱怨遇不到慧眼的伯乐、抱怨别人不理解自己、抱怨干不完的工作、抱怨受不尽的委屈……

一项关于职场抱怨的调查报告显示，超过87.7%的职场人表示自己一天的抱怨次数在1~3次之间，更有4.8%的职场人表示自己每天的抱怨达20次以上。在接受调查的职场人中，抱怨与工作相关的内容达到了85.5%的比例，远远领先于其他方面。排在第二位的是感情方面，比例为59.8%。

其实，适度的抱怨是发泄消极情绪，缓解内心压力，维持心理健康的一种手段。但是，当抱怨成了习惯，它使人的情绪变得非常糟糕、看什么都不顺眼，进而在工作上敷衍了事、引起他人的不满，最终使个人的发展道路越走越窄。

我们总觉得当我们抱怨时，指向的是其他人、其他事，但是从心理学的角度分析，抱怨时，我们指向的其实是我们自己，这就是"投射效应"，它指以己度人，不自觉地把自己的特征（如个性、好恶、欲望、观念、情绪等）归属到别人身上，认为他人也一定会有与自己相同的特性，比如喜欢说谎的人，就认为别人没一句真话；敏感多疑的人，往往会认为别人不怀好意。

投射效应会使人们倾向于按照自己来知觉他人，因而容易对其他人产生错误的认知。人们在对他人形成印象时，有一种强烈的倾向就是假定对方与自己有相同之处，比如上述案例中的焦妍，自己责任心不强，却归咎于其他人缺乏责任心；周权消极怠工，却确信公司待他不公。

有人曾一针见血地指出："抱怨是失败的借口，是逃避责任的理由。"如今，很多才华横溢的人在公司得不到晋升，大都是因为他们有抱怨的习惯。自恃有才，认为自己被大材小用，不愿意全力以赴，不愿意自我反省，每天都有一肚子的怨气。试问，谁会愿意提升一个满腹牢骚的员工呢？

与其在不如意时一味地抱怨，不如尝试着去改变——改变自己、改变现状，将生活变得如意起来。因为，不停地抱怨，只能放大原来的烦恼。如果换一个角度想问题，你会发现，你的努力是能改变现状并获得成功和幸福的体验的。

第一，要纠正自己的错误信念和观点，明白生活的真谛在于付出与回报的合理平衡。很多人的抱怨是因为欲望太大却不愿努力造成的。其实，只要你懂得了幸福的意义不仅在于收获，更在于真诚付出的时候，你就会从根本上扼杀抱怨的内在诱因。

第二，反复确认抱怨的目的。如果你不能反复检视自己抱怨的目的，很可能不得不承担你不想要的结果。因为事物本身存在的问题总是比解决方法上的漏洞更显而易见。所以，抱怨前你要想清楚，如果自己的抱怨发挥了作用，你会接受它的结果吗？

第三，冷静思考，选对抱怨的内容。我们之所以会满腹牢骚，多数是因为对事物缺乏客观的、冷静的分析，只是根据一些表面现象、个人的喜好评价事物。这样的结果就是，我们对事物的评价太主观、有失偏颇。很多时候，合理的抱怨会让你获得想要的结果，但是如果你选择的抱怨是不能改变或者不需要改变的事情，很显然，结果只会让你更加沮丧。

第四，找出问题的症结所在，改进自己。一旦你想要抱怨的时候，别急着满口牢骚，不妨先让自己冷静一下，回顾整件事发生的过程，反身自省，找到症结和问题所在。如果发现是自己犯懒、工作不够积极的原因，就要注意查找自身的不足，改变工作态度，改进工作方法。

第五，克服依赖，杜绝抱怨。我们不难发现，很多抱怨都直指诱发烦恼的外因，很少有人分析自身的个性、心理弱点等内因。因此，我们要逐步克服过于依赖他人的思想，改善自己才能改善情绪。

第六，化抱怨为努力。不要纵容自己爱抱怨的习惯，不要让抱怨成为心理疾病。在我们的生活和工作中，总会有不顺利或不公平的事发生，当我们碰到这些困难时，应该积极面对，因为困难能让我们更清晰地看到自己的缺点与不足。怨天尤人、光说不练是于事无补的，与其在抱怨中消磨时间，不如在努力中成长。

第七，多体谅，少指责。因为我们没有站在对方的立场上想问题，所以才会以一个无知的旁观者的姿态去指责、抱怨。倘若我们能够这样想：如果我们是对方，我们会怎么做呢？这样就能在"理解万岁"的基础上轻松地消除自己的不满。

第八，学会自我消解，即通过自我劝慰、自我开导、自我调适，以独特的方法克服抱怨。例如写下发生在你身上的五件事，列出你的抱怨，对照自己写的内容，回忆其中每一个细节，分析抱怨能真正帮你解决问题吗？把纸撕掉，最好把纸撕得粉碎，重复地写出来，再撕掉，直到你感觉不到激烈的情绪为止。或者脱离抱怨事件本身，通过搞笑的形式在头脑中回想你所抱

怨的事情，反复几次，抱怨本身就会化成无聊的笑柄。也可以跟你的挚友倾诉，一起分析因果，在倾诉的过程中你也会发现抱怨本身毫无意义。

其实，适度的抱怨，也是一门艺术。当我们被逼急了要抱怨时，要知道，抱怨的主要目的并不是为了发泄，而是希望对方能有所改善，使自己轻松。因此，想做到有效的抱怨要讲究方式，不要见人就抱怨，不要事事都抱怨，要有充分的理由并且控制好自己的情绪，这样可以帮助我们在抱怨与达到目的之间找到最佳的平衡点。

荀子说："自知者不怨人，知命者不怨天，怨人者穷，怨天者无志，失之己，反之人，岂不迂乎哉！"意思是说有自知之明的人会自己选择生活的道路，时刻把握命运的主动权，绝不怨天尤人。

学会宽恕别人

"一只脚踩扁了紫罗兰，它却把香留在那脚跟上，这就是宽恕。"人生的际遇，从来都不会一帆风顺，总会有各种各样意想不到的遭遇，若能时时处处都秉持一颗宽恕、包容之心，就可以随时随地获得快乐。其实宽恕别人，就是解放自己，还心灵一份纯净。

从前有一位高僧，独自一人住在深山之中。一日高僧化缘回来得很晚，但是当晚的月亮非常皎洁，月光下的一切都能看得清清楚楚。当他回到寺庙时，发现有小偷正在他的卧室行窃。此时，高僧非常生气，他决定抓住小偷，并把他送到衙门，让他得到法律的制裁，正当他打算行动时，佛法的教诲令他放弃了这个念头，他最终选择了仁慈和宽容。

他丝毫不动声色，只是静静地在门外等候。小偷在屋里翻找了一遍后，似乎有点失望地走出来，刚走出门几步，就被高僧喊住了："施主请留步，您这么远摸黑来看我，我却没有好东西送给你，真是不好意思。"听完这话，刚刚有点紧张的小偷放松了下来，他回过头来看着高僧。高僧慢慢地脱下身上唯一的一件长袍，递给小偷说："我只有这一样比较珍贵的东西，就把它送给你当做礼物吧。"小偷看着长袍想：不能白白跑一趟，这件长袍看来还可以卖几个钱呢。然后一把把那件长袍抢过来就跑了。

高僧看着小偷远去的背影，心里有点失落，但是他

第五章 自己的路自己走

还是期望小偷能理解他的一片苦心。此时的月亮更加明亮,他默默许下一个心愿:"希望有一天,我能把这皎洁无比的月亮送给他(那个小偷)。"

第二天一早,高僧穿戴整齐后要出门化缘,刚一出门发现他的长袍被还回来了,而且叠得整整齐齐,还附有一张纸条,上面写着:"大恩不言谢。"高僧会心地笑了,他庆幸自己当初选择了仁慈,说道:"阿弥陀佛,我终于送给了他一轮明月呀。"

把长袍还给高僧的小偷以后会怎样?肯定是对高僧的宽容感激不尽,是高僧的宽容让他免受了牢狱之灾,使他能及时改正错误,走上正确的人生之路。试想,当高僧发现小偷时,把他送给官府,那么小偷以后又会怎样呢?小偷会受到官府的惩罚,因此会憎恶世界,从此以后将走上不归路。可以说是一颗宽容之心改变了一个人的一生。

美国的南北战争时期,由于战争激烈,所以大量地征集年轻人入伍,罗斯韦尔·麦金太尔就是其中一个。当时,战况不是很顺利,根本没有时间对新入伍的军人进行心理和军事培训,所以当他们第一次上战场时,难免会被惨烈的战争场面而惊呆。麦金太尔就因为无法克制内心的恐惧，而仓皇逃跑了。后来，他以临阵脱逃的罪名被军事法庭判处死刑。

麦金太尔的妈妈听说后，无比地伤心，她觉得这样的宣判对她的儿子来说不公平，当即决定给林肯总统写一封信，信中替儿子再次认错，并请求总统先生能给麦金太尔第二次上战场的机会。她相信自己的儿子经过训练，一定会成为国家的骄傲的。然而，部队一向军纪严明，将军们都不赞同这种做法，纷纷表示：如果放过了麦金太尔，会大大削减军队的战斗力和士气的，以后将无法统兵打仗。林肯先生一时间陷入了两难境地，他思索再三，还是决定给这个少不更事的年轻人一次证明自己的机会，并为此说了一句著名的话："我认为，把一个年轻人枪毙，对他本人来说绝对没有任何好处。"他要求将军们释放麦金太尔，并允许他重返战场。

现如今，那封赦免信被美国一家著名的图书馆收藏，那封信的旁边还附了一张纸条，上面写着："麦金太尔最后壮烈牺牲于弗吉尼亚战役中，此信是在他的贴身口袋中发现的。"

林肯先生给予麦金太尔的第二次机会，成就了一名无畏的勇士，这个勇士为了自己的国家和人民战斗到了生命的最后一

刻,这就是宽容的力量。

责人不如帮人,倘若对别人的错处一味挑剔、斥责,只能更加令人反感,而且可能激起逆反心理,使之一错再错。

生活需要宽容。在生活中每个人都会有不如意,每个人都会有失败,当你的面前遇到了竭尽全力仍难以逾越的屏障时,请别忘了:宽容是一片宽广而浩瀚的海,包容了一切,也能化解了一切,会带着你一起浩浩荡荡向前奔涌。

幸福就在身边

高尔基说过:"生活是现在时态,重要的是处理好手头上的事,而不是后悔过去、担心未来。"在生活中,每个人对幸福的诠释各不相同。许多时候,人往往对自己的幸福熟视无睹,却对别人的幸福印象深刻。

在一个山村里,有一对老夫妻生育了两个女儿。两个女儿都长得很漂亮,后来,大女儿由父母做主,嫁给了同村一个忠厚老实的男人,二女儿自由恋爱,找了一个自己喜欢的男人。婚后,姐俩各自过着自己的小日子。姐姐的生活虽然很平淡,却也充满着幸福与快乐。可时间久了，姐姐心里开始嘀咕：这日子太平淡无味了，还是妹妹好，丈夫是自己找的，小两口每天成双成对，闲暇的时候还会出去游玩。她在心里暗暗发誓，以后自己的女儿结婚，对象一定要让她自己去找，自己绝不干涉。

可是，妹妹的日子是否真的如姐姐想象的那般好呢？刚结婚的时候，妹妹的确跟丈夫很恩爱，但是，激情过后，生活归于平淡，两人开始有了争吵，虽然吵得并不是很厉害，但这也影响了夫妻二人的感情。妹妹开始羡慕起姐姐来，虽然姐姐跟姐夫是父母做主结婚的，但姐夫脾气好，即使姐姐发脾气，他也会让着姐姐，两个人根本就吵不起架来。妹妹心想，姐姐的日子过得真舒服，我以后要是有了女儿，我一定要帮她找一个忠厚老实的男人，踏踏实实地过日子。

这姐俩，眼里看到的都是对方的好，都觉得对方的生活才是幸福的。其实，生活中，很多人都像她们一样，都认为别人的生活是幸福的，实际上，在别人眼里，自己也是被羡慕的那个人。

尽管很多人都没有感觉到自己的幸福，但幸福实实在在地围绕在我们身边。

美好人生需要好心态

　　从前有一个国王,他总觉得自己生活得不幸福,于是就向大臣们请教,如何才能成为一个幸福的人。有人告诉他,找到一个生活幸福的人,然后将他的衬衫带回来。国王听后,派自己最得力的大臣四处寻找自认为幸福的人。

　　三个月的时间过去了,大臣还是没有找到一个幸福的人。每遇到一个人,大臣都会问他:"你幸福吗?"人们的回答总是——不幸福。而不幸福的理由多种多样:"我没钱,我没亲人,我得不到爱情……"就在大臣不再抱任何希望,打算回去向国王请罪的时候,对面的山冈上,传来了悠扬的歌声,歌声充满了快乐。大臣循着歌声走了过去,只见一个乞丐躺在山坡上,沐浴在金色的暖阳下。

　　"你感到幸福吗?"大臣问那个乞丐。

　　"是啊,我感到很幸福。"乞丐回答说。

　　"你的所有愿望都能实现?你从不为明天发愁吗?"

　　"是的,你看,现在阳光温暖极了,风儿和煦极了,我肚子又不饿,口又不渴,天是这么蓝,地是这么阔,我躺在这里,除了你,没有人来打搅我,我有什么不幸福的呢?"

"你真是个幸福的人，请你把自己的衬衫送给我们的国王，他会重赏你的。"

"衬衫是什么东西？我从来没见过。"乞丐的回答令大臣错愕，一个幸福的人竟然是一个连衬衫也没有的人。

这个故事说明，幸福就在每个人的心中，是否幸福，就在一念之间。

生活中，很多人都有这样的一种错觉：幸福总围绕在别人身边，烦恼总纠缠在自己心里。学习不好的学生以为考了高分就是幸福的，贫穷的人以为有了钱就是幸福，身患重病的人以为身体健康就是幸福……那么，那些考试得高分的人、有钱人、身体健康的人，是不是就是幸福的呢？如果你去问他们，他们的回答可能也不是你预想的那个。

卞之琳在《断章》中说——

你站在桥上看风景，

看风景的人在楼上看你。

明月装饰了你的窗子，

你装饰了别人的梦。

我们每个人都是幸福的。只是，你的幸福，往往在别人眼里。

美好人生需要好心态

幸福无处不在，无时不有。它不会因你富有而慷慨，也不会因你贫穷而吝啬，只要你用心体会，你就能时时处处感受到幸福的存在。

幸福没有贵贱之分，也没有固定的标准，它是真实而自然地流露。

要想知道一个人是否幸福，就去观察他的脸，因为幸福常会写在脸上；要想知道自己是否幸福，那就用你的心灵去感受它的存在。

幸福不是他人给的，它掌握在自己手中。

我们每个人都希望拥有快乐、幸福的生活，都希望远离不开心、沮丧的事情。但事实上，很多事情都无法由我们控制，我们的一生都要受制于周围的状况和环境，我们所能控制的只有自己的心态。

有的人遇到不好的事情时就会心情低落，郁郁寡欢，遇到好的事情又扬扬得意，忘乎所以。拥有这种心态的人，都是在盼望好事发生的期待中过日子。如果没有好事发生，就会认为自己是个不幸的人。

小光出差回来，坐飞机回到北京时已是晚上十二点，在冰天雪地中终于等到出租车，小光把包往车里一扔就钻了进去。这时,司机师傅很紧张地问他:"到哪儿?"

小光说了目的地。

司机师傅说:"还行,昨天半夜排了半天的队终于拉到一个客人,一问,竟然就住在附近,真郁闷!"

小光问师傅:"如果我家住在通州,那你会不会很开心?"

师傅笑了:"那当然啦。"

这个司机师傅的情绪被乘客所左右,就好比他身上装有两个按钮,一个写着"开心",另一个写着"不开心"。遇到一个目的地远的乘客,他就会按下那个"开心"按钮,心情处于开心状态;遇到一个目的地近的乘客,他就会按下"不开心"的按钮,心情处于郁闷状态。

如果你是司机师傅,你身上会有什么按钮?别人对你做出些什么,会按到你身上的不开心按钮?

生活中,我们随时都可能遇到不如意的事情,碰到不可理喻的人,这个时候,你会有什么样的反应?你是否会像司机师傅似的,由别人来掌控你的情绪呢?

有很多人将自己幸福的决定权交给了别人,这种人总是习惯把痛苦和快乐建立在外界的基础之上,外界的变化决定着他

们的情绪。实际上，人生的幸福，要靠自己去把握，千万不要指望别人。即使别人能给你幸福，那也只是暂时的，只有自己拥有了获得幸福的能力，才算是真正获得了幸福。

幸福是一种自我满足感，每个人的幸福感都是由自己创造的。那么，怎样才能使自己的幸福感多一点呢？关键还是要调整好自己的心态。

不论什么时候，都要记住：幸福永远掌握在自己手中，只有自己营造的幸福才会有长久的愉悦感。一个人一旦拥有了感知幸福的心态，他就能时刻生活在幸福当中，即使一无所有，也会很幸福。

朋友的力量

何凤山，1901年9月10日出生于湖南益阳市赫山区一个贫苦的农民家庭，1921年考入长沙雅礼大学，1926年考取德国慕尼黑大学的公费留学生，并以特优成绩获政治经济学博士学位。他1937年任中国驻奥地利公使馆一等秘书，1938年至1940年任中国驻维也纳总领事。

何凤山上任时，欧洲上空已战云密布，纳粹德国肆虐横行，掀起反犹恶浪。1938年3月，德国吞并了奥地利。奥地利是欧洲第三大犹太人聚居地，总数约18.5万人。纳粹欲将这里的犹太人赶尽杀绝，规定集中营的犹太人只要能离开奥地利就可以释放，赶不走的则在集中营里成批屠杀。因此，对奥地利的犹太人来说，离开就是生存，不能离开就意味着死亡。于是，犹太人纷纷想方设法离开奥地利。

要离开首先要有目的地国家的签证。但不少国家都"强调自身困难"，相继对犹太人签证亮起了红灯。求生的欲望使成千上万的犹太人每天奔走于各国领事馆之间，但大都没有结果。

有不少犹太人在奥地利有很高的社会地位，但他们也逃脱不了被迫害的命运。由于何凤山是外交官，所以他与这些犹太人中的一些人保持着很好的私人关系。看到他们等待死亡的无奈神情，何凤山终于下定决心，只要是犹太人提出申请，他就向他们发放前往中国的签证。难民们进入上海虽不需签证，但离开奥地利，却需有前往目的地的签证证明。这一消息迅速在犹太人中间传播开来，从早上到晚上，中国领事馆门前排起了申请签证的长龙。

　　许多求助无门的犹太人在这里拿到了去上海的"生命签证",从而逃离欧洲去了中国,或转道上海去了美国、巴勒斯坦、澳大利亚等地。何凤山顶住压力成批地给犹太人发放签证,引起了纳粹当局的不满。纳粹以中国总领事馆的房子是犹太人的财产为借口,没收了房子。何凤山就自己掏腰包,迅速把领事馆搬到了另一处很小的房子里,坚持发放签证。

　　国民党政府派驻柏林的大使陈杰很快就知道了此事,他给何凤山打了一个电话,严肃地发出警告:为了保持德国和国民党政府之间的良好关系,必须立即停止向犹太人发放签证的行动!

　　在这种形势下,何凤山面临的压力可想而知,但他没有听从陈杰大使的命令。陈杰心生疑惑,于是派了一名部下到维也纳调查,看看何凤山在发放签证方面如此固执是不是因为靠发放签证赚钱。然而,那名调查官员没有找到这方面的任何证据。

　　此后,犹太人面临的形势更加严峻,但他们遭受的苦难越深,何凤山救助的人也越多。他亲眼看到了第一手的纳粹德国和奥地利"碎玻璃之夜"计划。这个计划执行时间是从1938年11月9日到10日,约有200多座犹太人教堂被毁,7500个犹太人商店被抢,3万名犹太人被关进了集中营。

何凤山到底向多少犹太人发放了签证，至今尚无准确数字，只是以找到的签证号码推算，至少是几千份。一位幸存者1938年6月得到的签证号码为200多号，另一位7月20日的签证号码为1200多号，而汉斯·克劳斯的签证日期为1938年10月27日，号码为1906号。1938年纳粹的"11月大屠杀"之后，申请签证的就更多了。到1939年9月，70％的奥地利犹太人已外逃，我国上海收容的犹太人就达1.8万人。由此推算，所发签证至少是几千份。古巴等地还有一本书中说，有4000名维也纳犹太人拿着到中国的签证逃到了巴勒斯坦。

在生死存亡关头，何凤山先生利用他的特殊身份，向他的犹太人朋友，为数千名亟待拯救的陌生的犹太人大胆地伸出无私援助之手，签发数千份"生命签证"，让他们得以逃离纳粹魔掌，获得生命与自由。这是慷慨助人的友爱精神，更是伟大的人道主义精神，何凤山的感人事迹，至今仍然被千千万万的犹太民族后裔所铭记，感动无数人。

"一个篱笆三个桩，一个好汉三个帮"，我们生活在这个世

界上，不可能离群索居，终了一生，我们需要朋友的关怀与帮助，别人的关爱。"嘤其鸣矣，求其友声"，朋友是我们人生的重要组成部分，我们都需要朋友的帮助，哪怕是只言片语的关注与安慰，都会给我们以温暖。

我们需要朋友，我们需要友情，而友情是一棵小树，需要我们去浇灌。我们要对朋友真诚，爱朋友胜过爱自己，还要信任朋友，古语有云："信人者，人恒信之。"就说明要想处理好朋友之间的关系，要想让朋友信任你就要首先去相信朋友，真正做到以"诚"为本才是和朋友相处的根本。在和朋友相处时一定要做到大度，正所谓"人非圣贤，孰能无过乎"，朋友也是人，他也会犯错误，我们不能总是抓住朋友的错误和缺点不放，要真正做到严于律己，宽以待人，才能真正和朋友相处，也才能交到真正的好朋友。患难之中才能见真情，朋友之间的友谊不是靠甜言蜜语来维系的，真正的友谊是经得起时间和环境的考验的，平时只有肉麻的吹捧，大难临头却各自飞的友谊是我们该唾弃的，能在关键时刻给我们一个切实的支持的朋友才是真正的朋友，在关键的时候把你推向火坑的人是假朋友，真小人，能够劝你悬崖勒马的人才是真朋友，真君子。

最重要的一点，我们不要等待朋友的给予，我们要想到朋友最需要得到怎样的帮助，然后慷慨地尽力帮助朋友。推而广之，用我们的微薄之力，帮助更多需要帮助的人，让这些人都能感受到被关爱的温暖，何尝不是一件好事！

常保持微笑

笑与哭，喜与悲，是人的内心情感的外在表现。在我们的一生中，要经历很多的哭哭笑笑，喜怒哀乐，有时还会哭笑不得。唯一能做的，就是以乐观的心态面对每一天。

当生活像一首歌那样轻快流畅时，笑颜常开乃易事；而在一切事都不妙时仍能微笑的人，才活得有价值。

将嘴角真诚快乐地往上扬，这就是微笑。微笑对于我们最大的好处就是让生活更加快乐，别人也因为我们的微笑而更愿意与我们相处。

成功学大师卡耐基曾经将"常保持微笑"列为他赢得良好人际关系的原则之一；泰戈尔说："当你微笑时，世界爱了你；当你大笑时，世界便怕了你。"足见，不论是事业有成的企业家还是哲学诗人都十分肯定微笑的力量。

微笑，它不需要花费什么，却能创造许多的奇迹。它丰富了那些接受它的人，而又不使给予的人变得贫瘠。它产生于一刹那间，却给人留下永久的记忆。当我们面带微笑去办事，回

头看看效果，你必然会大吃一惊。微笑永远不会使人失望，它只会使你更受欢迎。

但是，在生活中，却有些人觉得不笑就是不笑，不需要什么理由。虽然他们的理由很充分，但是他们却忘记了，微笑应该是人的一种习惯，是一个人最好的礼仪。不会微笑的人给人以冷漠和高傲的感觉，让人们不自觉地就远离他们。

大卫·史汀生是一家小有名气的公司总裁。他十分年轻，几乎具备成功男人的所有优点：他有明确的人生目标，有超人的毅力和信心，他办事雷厉风行，干脆利落。他对生活的认真和投入是有口皆碑的，而且，他对同事也很真诚，讲求公平对待，与他深交的人都为拥有这样一个好朋友而自豪。但初次见到他的人却对他少有好感，为什么呢？他自己仔细观察后才知道，他几乎没有笑容。

他深沉严峻的脸上永远是炯炯的目光、紧闭的嘴唇和紧咬的牙关。即便在轻松的社交场合也是如此。公司的员工见了他如同山羊见了虎豹，而事实上他只是缺少了一样东西——一副动人的、微笑的面孔。

微笑不是为别人而笑,而是为自己。有调查显示,微笑能让人摆脱烦恼,当一个人有很大的压力时,开怀大笑能帮助人明显地减少压力。

很多人在意自己给别人的第一印象,常要为衣服、发式发愁。但是真正良好的第一印象应该是真诚自然的微笑。笑容就是善意的信使,能够照亮所有看到它的人。

卡耐基曾经鼓励很多商人,要求他们用一个星期的时间,每天24个小时,都对别人微笑,然后再回来上班,所得的结果与从前大不相同。

德意志银行的前董事长科普认为,如果银行里的员工常常保持面带笑容,业务会增长25%,因为笑容是你热忱的表露。在现代商业运行中,尤其是服务行业,都已经开始强调笑容的力量,但许多人的笑容却是因为规定露出的没有感情的微笑,这就让倡导真诚微笑的效果减少很多。

微笑不仅仅有利于商业运作,对人的身体也很有益处。

据说在18世纪,有一位主教患了可怕的脓肿病,多方医治无效,教友们都已经没有信心了,忙着为他准备后事。恰在这时候,一位教友家中养的一只猴子,戴上了主教的小红帽,穿上了小袍,学着主教的样子在大厅里"走路"、"祈祷"。主教见了立刻哈哈大笑,顿感

病情减轻了一半,猴子一连这样表演了几天,主教的病居然慢慢痊愈了。

微笑是最祥和的语言。如果微笑能够伴随着你生命的整个过程,就会使你超越很多自身的局限,获得很多人生真正的真谛,它使你的生命由始至终生机勃发,辉煌璀璨。用你的微笑去欢迎每一个人,那么你就会成为最受欢迎的人。

微笑能建立人与人之间的好感,它是疲倦者的休息室,沮丧者的兴奋剂,悲哀者的阳光。所以,假如你要获得别人的好感,请给人以真心的微笑。

奇宾·当斯是美国律地区最受欢迎的节目主持人之一。有的听众写信给这位主持人,说他们已经听到了他主持的节目,并且告诉他说,他们透过他的声音仿佛看到了他的微笑。有人问奇宾·当斯,为什么他总是这样高兴,他说他的秘诀就是从来不把烦恼摆在脸上。他的工作是娱乐别人,他说:"为别人创造一个愉快的生活,这要从微笑开始,但必须是发自内心的微笑。"因此,奇宾·当斯常常带着一颗快乐的心去工作,将他的快乐融入他的声音中,给观众以美好的享受。奇宾·当斯说:"当你微笑的时候,别人会更喜欢你,而且,微笑会使你自己也感到快乐。它不会花掉你的任何东西，却可以让你赚到任何股票都得不到的红利。"

微笑可以缩短人与人之间的心理距离，融洽人与人之间的关系，让对方快速产生好感，还有利于化解隔阂与不快。

飞机起飞时，一名乘客请空姐给他倒一杯水吃药。空姐很礼貌地说："先生，为了您的安全，请稍等片刻，等飞机进入平稳飞行后，我会立刻把水给您送过来，好吗？"

十多分钟后，飞机进入平稳状态。突然，乘客服务铃急促地响了起来，空姐猛然意识到她忘记给那位乘客倒水了！当空姐来到客舱，果然是那位乘客按响服务铃。她把水送到那位乘客跟前，面带微笑地说："先生，实在对不起，由于我的疏忽，延误了您吃药的时间，我感到非常抱歉。"这位乘客抬起左手，指着手表说道："怎么回事，有你这样服务的吗？"空姐手里端着水，心里感到很委屈，但是，无论她怎么解释，这位乘客都不肯原谅她的疏忽。

接下来的飞行途中，为了补偿自己的过失，每次去客舱给乘客服务时，空姐都会特意走到那位乘客面前，

面带微笑地询问他是否需要水，或者别的什么帮助。然而，那位乘客余怒未消，摆出一副不合作的样子，并不理会空姐。

临到目的地前，那位乘客要求空姐把留言本给他送过去，很显然，他要投诉这名空姐。此时空姐心里虽然很委屈，但是仍然不失职业道德，显得非常有礼貌，而且面带微笑地说道："先生，请允许我再次向您表示真诚的歉意，无论你提出什么意见，我都将欣然接受您的批评！"那位乘客脸色一紧，嘴巴准备说什么，可是却没有开口，他接过留言本，开始在本子上写了起来。

等到飞机安全降落，所有的乘客陆续离开后，空姐打开留言本，却惊奇地发现，那位乘客在本子上写下的并不是投诉，相反，却是一封热情洋溢的表扬信。

是什么使得这位挑剔的乘客最终放弃了投诉呢？在信中，乘客这样写道："在整个过程中，您表现出的真诚的歉意，特别是你的十二次微笑，深深地打动了我，使我最终决定将投诉信写成表扬信！你的服务质量很高，下次如果有机会，我还将乘坐你们的这趟航班！"

微笑让一切变得美妙，让平凡的人也能绽放耀眼的光芒。

坚 持 到 底

安格尔曾经说:"所有坚忍不拔的努力迟早会得到报酬。"的确,有了坚持,才有成功的可能,否则一切都是没有可能实现的。

日本成功人士本田宗一郎曾说:"许多人梦想成功,对我来说,成功只有在多次失败后和对失败进行反省时才能取得。事实上,成功只代表着你的工作的1%,而99%意味着失败。有1%的希望,就应该坚持。"很多人往往是这样的,一旦心血来潮,就努力拼搏,经过一段时间的搏击,觉得成功无望,就轻易放弃了,结果成功离他而去。

在那段生命中最灰暗的日子里,法克兰·贝格四处碰壁,正准备辞职。他每天都留心报纸上的招聘广告,想另谋职业。他认为自己根本没有当推销员的天赋,所以只要不是做推销员,他什么工作都愿意做,他甚至想过到暖气公司当送货员、到港口当杂工等。

一天,他收到了一个名为"青年会"的协会的邀请,去参加一个名为"三C法则——正直的人生、正直的人格、正直的运动精神"的演讲活动。这是一个与众不

同的演讲,因为参加的人不仅是听众,也是演讲者。确切地说,这是一个演讲训练班。

法克兰·贝格起初不想参加,因为他认为自己实在没有什么理由去参加这样一个供充满自信的年轻人聚集的会议。他觉得自己是一个一事无成的失败者,没有信心也没有资格在众目睽睽下诉说自己的经历。可是他转念又一想:"连参加这样一个小小的演讲都不敢,还能有什么大的作为呢?"于是,第二天一大早,他就来到了会场。

会场里座无虚席,大约有一百多人。法克兰·贝格找了一个不起眼的小角落坐下来。这时,一个年轻人走上讲台,慷慨激昂地讲述了自己的经历。当他走下讲台后,一位老师走了上去,对他的演讲发表评论,指出他有哪些值得肯定的地方,还有哪些需要改进的地方。

这位老师给法克兰·贝格留下了深刻的印象,于是他问主持人:"刚才站起来讲话的那位老师是谁?"主持人告诉他,这位老师就是大名鼎鼎的训练大师戴尔·卡耐基。

后来,法克兰·贝格来到了卡耐基面前:"卡耐基先生,您好,我是费城人寿保险公司的推销员法克兰·贝格。很高兴认识您！""您好，贝格先生。"卡耐基和蔼地说。接着，法克兰向卡耐基讲述了自己的经历，并问他："卡耐基先生，您能给我一点儿建议吗？我怎样才能克服这些缺点呢？"

"来吧，小伙子，下一个就轮到你上台演讲了！"

法克兰·贝格没有料到卡耐基会让自己上台演讲，他吃惊极了，窘迫得满脸通红，害怕得要死，身体不停地发抖，因为他从来没有在这么多人面前讲过话。这时，他看到了卡耐基充满鼓励的目光。于是，他慢慢地站起身来，走上讲台。他支支吾吾地费了好大的劲儿才向大家介绍清楚他的名字。接着，他开始向大家讲述自己失败的经历。他的声音渐渐大了起来，越讲越有自信。当他讲完后，竟然有很多人对他说："您讲得棒极了。"

活动结束后，他回想了这一天的经历，惊奇地发现在很多人面前开口并不是一件困难的事。他找到了他以前在正式场合跟人说话总是畏畏缩缩的原因，那就是没有自信。如果这种心理不消除的话，即使做了别的工作，也不会成功的。而推销工作则会培养这种自信，因为在推销的过程中，会碰到各种各样的成功人士，他们是具有非凡的勇气和自信的一群人。推销员的工作就是要说

服这些人,所以,这是一份锻炼自己、克服失败心理的最好的工作。想到这里,法克兰·贝格坚定了干下去的决心。

第二天,他又出去推销了。这次他主动拜访了当地的一位谷物商,他在这位潜在的顾客面前滔滔不绝、非常兴奋,讲到兴起的时候还用拳头敲打桌子。他原本以为对方一定会打断他的话,并指出他的错误之处,没想到对方不但没有打断他,反而挺胸正坐,十分认真地听他把话说完,并且与他签了约。这是法克兰·贝格做成的第一笔成功的大买卖。后来,这位谷物商还和他成了好朋友。从此,他克服了恐惧的心理,放弃了改行的念头。

有人说,成功就是把简单的事情重复做,把重复的事情坚持做。如果你有一个伟大的梦想、一个明确的目标,并且愿意为此付出行动,那么当你准备好一切、下定决心去做时,即使会有困难和阻碍,也不要放弃,要坚持,只有坚持才会成功。

放弃就意味着失败。在今天的社会里,没有人会理睬你付出多少,没有人在意过程是多么艰难,人们看到的只有结果,结果说明一切。你的承诺、你的雄心、你的能力,只有结果才能体现。

在一本杂志上曾经刊登过这样一个故事:

有两个人外出打猎，结果遇到了大风雪，大雪把他们回去的路标掩盖了，他们很快就迷了路。两个人在树林里一直走了两天，起初他们相信很快就会走到营地。可是过了两天他们已经很疲惫了，在最后的时刻，他们绝望了，没有坚持走完剩余的路程。

当营救人员发现他们的时候，他们其实离营地只有不足两百米的距离。当初他们看到最后一片树林之后，觉得很失望，认为再也找不到回去的路了，然而他们不知道树林的后面就是营地的帐篷。

成功需要付出百倍的努力，但很多人往往只做到了99倍的付出便放弃了。没有坚持到底而让成功擦肩而过这不能不说是一种遗憾，其实，只要再坚持一点点，成功便会到来。

也许，我们的人生旅途上沼泽遍布，荆棘丛生；也许我们追求的风景总是山重水复，不见柳暗花明；也许，我们的成功之路总是那么坎坷……这时，我们要以勇者的气魄，坚定而自信地对自己说一声："再试一次！"

迪斯尼乐园号称是地球上最欢乐的地方，每年有成千上万的游客享受到前所未有的"迪斯尼欢乐"，而这

第五章　自己的路自己走

一切都是出自沃尔特·迪斯尼一个人的决心和坚持。当初他四处向银行融资，可每家银行都认为他的想法是天方夜谭。他三番五次地遭到拒绝，但是他一如既往地前进，直到被拒绝302次之后，才终于被一家银行所接受，获得了贷款，从此实现了他的梦想。假如他不坚持的话，他就不会成功。

由此，我们可以明白一个道理：成功永远属于勇于坚持的人。遗憾的是，我们总是会在出现机遇的时候无法把握自己，也因此无法把握自己的人生。但是不要忘记，机遇往往是给那些坚持到底的人的。

其实，坚持是一种习惯，是一种美德，更是通往成功的必经之路。很多时候，往往不是成功嫌弃我们，而是我们自己远离了成功。无数事实表明，只要肯坚持，就会获得最后的成功。

成功学家陈安之说："你到底是想要成功，还是一定要成功？想要跟一定要有绝对的差别，世界最顶尖的成功人士，都决定一定要，而一般没有成功的人，都只是想要而已。我认为，成功有三个最重要的秘诀：第一是有强烈的欲望，第二还是要有强烈的欲望，第三还是要有强烈的欲望。"

事实上，成功从来就不是一条风和日丽的坦途，面对每一次挫折与失败，我们应该始终怀有"再试一次"的勇气与信心。也许再试一次，我们就听见了成功的脚步声。

正如陈安之所说："不管做什么事，只要放弃了就没有成功的机会；不放弃，就会一直拥有成功的希望。如果你有99%想要成功的欲望，却有1%想要放弃的念头，这样的人是没有办法成功的。人们经常在做了90%的工作后，放弃了最后让他们成功的10%。这不但输掉了开始时的投资，更丧失了经由最后的努力而发现宝藏的喜悦。"因此说，再试一次，你就有可能到达成功的彼岸。再试一次，成功就在眼前。

俾斯麦说："对于不屈不挠的人来说，没有失败这回事。"在那些意志坚定的人眼里，他们从来不把眼前的困难看得难以克服。对他们而言，没有不屈不挠的劲头，也就没有成功的获得。

可以说，没有谁的成功之路是那么顺利的。坎坷总是难免的，而成功者与失败者遇到的困难几乎没什么差别，但之所以有成功有失败，主要原因在于对待困难的态度。可以毫不夸张地说，成功的一大关键因素在于不屈不挠。如果有了这种精神，那一定会得到胜利女神的青睐。

诚然在每个人面前，都可能会横着一些诸如清贫、疾病、磨难之类的障碍，只要不失去向前奔跑的雄心，就能勇敢地跨越它们，就会抵达梦想的前方。

伏尔泰说得好:"要在这个世界上获得成功,就必须坚持到底——剑至死都不能离手。"

对于每个想要成功的人来说,不屈不挠的精神是必备的,有了这种精神,就有了克服困难的勇气,就能勇敢地面对一切艰难险阻,就能最终品尝到成功的果实。

每一个人要成功,盲目的坚持是不行的,首先要对自己有着清楚的了解,了解自己的优势和劣势,了解自己真正适合从事什么样的事业,适合用什么方式来做事情。只有这样,才能真正找到适合自己的事业,才能真正全力以赴地去做好它,也才有可能获得成功。

陈安之说:"我认为成功的起始点来自于自我分析。因为每一个人都一定要了解自己,了解自己到底要成为什么样的人,了解自己的人生目标到底是什么,了解自己最适合做什么样的工作。"

很多人羡慕别人的成功,总是觉得自己低人一等,其实,每个人都有自己的可取之处。只要发现适合自己的事情并全力以赴地去做,哪怕暂时遇到了黑暗也没有什么可怕的。坚持做下去,就能看到曙光,就能看到希望。

许多人都在社会中苦苦寻觅着自己的位置,但很难找到。其实,在任何时候,遇到打击和失败都是正常的,但是千万不能灰心，因为条条大路通罗马，成功的道路不止一条。天生我才必有用，只要你努力进取，总有一扇门是为你打开的，总有一把钥匙属于你自己。

人生成功的诀窍在于扬长避短，经营长处能使自己的人生增值，否则，必将使自己的人生贬值。经营长处就是做自己擅长的事，哪怕没有骄人的长处，只要有一点自己能做好的事，那就毫不犹豫地去做吧。

成功的因素，是多元的，并没有贵贱之分，适合自己的、自己擅长的就是最好的。成功者的故事告诉我们，从失败到成功，只需要在某一点上与众不同，那就足够了。

他就是美国漫画家查尔斯·舒尔茨，在他的笔下，出现了史努比、查理·布朗、莱纳斯、露西等一个个可爱的形象。

查尔斯·舒尔茨是一个名副其实的漫画大家，他的漫画作品已流传至全球近百个国家和地区。3亿册漫画书和50部卡通片，每天陪伴几亿读者一同欢笑。

查尔斯·舒尔茨的经典名言是："我一直就相信，人只要有一项长处就足够了，我的长处就是画漫画。在许多方面我一败涂地，只在画画这一点上稳住了自己。而所谓的成功，也只是需要你在某一点上自命不凡，自始至终。"

成功学专家罗宾曾经在《唤醒心中的巨人》一书中这样说

过:"每个人的身上都蕴藏着一份特殊的才能。那份才能犹如一位熟睡的巨人,等待着我们去唤醒他……上天不会亏待任何一个人,他给我们每个人以无穷的机会去充分发挥所长……我们每个人的身上都藏着可以立即支取的能力,凭借这种能力,我们完全可以改变自己的人生,只要下决心改变,那么,长久以来的美梦便可以实现。"

我们只要找到最适合自己做的事并全力以赴地付出,成功也就指日可待。与其羡慕他人的成绩,不如做自己最擅长的事并坚持下去,这样才可能早日赢得成功。

开阔心胸,远离嫉妒

有一对夫妇,两个人都是非常著名的作家。他们年轻的时候就是因为对于文学的共同爱好而相互爱慕的,后来更是因为对相互才华的肯定而结合在一起。应该说他们是幸福的,但就在男作家61岁的时候,他却残忍地杀死了他的爱人。

原来,在他们认识当初,男作家的名气就已经很大,而女作家还只是文坛的新秀。但渐渐地,女作家居然后来居上,其写作的才华和名气都超越了她的丈夫,这让男作家无论如何也接受不了。他嫉妒的烈火已经无法扑灭，他开始抽烟、酗酒、打骂自己的妻子。

女作家因为无法忍受丈夫的嫉妒和打骂，很长一段时间都是在朋友家里寄宿。这样的日子就一直持续着，直到有一天，女作家和男作家的新书同时出版，女作家的书卖得很好，刚一上市就创下了销售几十万册的好成绩，而男作家的书却只卖出了几千册。男作家再也无法忍受这个曾经每天和他朝夕相处的女人，更容忍不了她比自己更出色。于是悲剧发生了，他将枪口残忍地对准了跟他生活了半辈子的爱人，之后，又绝望地把枪口对准了自己……

本来在外人眼中两个人是天作之合，不仅有共同的志趣，又是生活中互相帮助的伴侣，谁也想不到他们之间会发生这样的悲剧。而悲剧的源泉，却仅仅是因为男作家的嫉妒。

可怕的嫉妒，可以夺走相濡以沫的感情，可以夺走美好的前程，甚至可以夺走宝贵的生命。

赵峰以优异的成绩考入一所名牌大学，现在读大三，学的是历史人文学科。刚上大学的时候，他很愿意帮别的同学的忙，而且为人热情、大方，性格很开朗。所以他和班里的同学以及各个学科的老师的关系都很

第五章 自己的路自己走

融洽，老师和同学们对他的印象也很好。

由于在这所名牌大学里集中了全国各地的"精英"，赵峰虽然成绩很不错，但在这个"精英"云集的集体中，他并不突出。慢慢地，赵峰的心理就发生了变化。他受不了别人比他出色、比他强。老师表扬其他的同学，他的心里就酸溜溜的，认为那个同学做的也没什么了不起的；他看到别的同学家境富裕，心里就嫉妒，并埋怨自己的出身不好；他看到别的同学拿了奖学金或是提为学生干部，就嫉妒得连觉也睡不好……

赵峰有一个同学，和他是同乡，两个人的学习成绩不相上下，而且又是同一年考进的大学，所以赵峰就特别注意他，总是暗地里和他比较。那个同学上了大学以后，学习成绩不断提高，后来还被提为干部，这下赵峰的嫉妒心更盛了，总是认为老师对他有偏爱，所以才让他做班干部。渐渐地，由于赵峰的嫉妒心不断增加，他的注意力已经完全由学习转移到了自己这个同乡的身上。赵峰总是关心他的一举一动，想抓住他的把柄，向大家宣布他不如自己，到处说这个同乡的坏话。同学们也开始慢慢地讨厌赵峰了。

为了把自己的同乡比下去，在竞选班级干部的时候，赵峰居然暗地里做小动作，拉选票，结果他的阴谋被同学们识破，选举结果只有一票，而且是他自己投的。

　　同乡的成绩一直名列前茅，赵峰自认为比不上他，但由于嫉妒心作祟，赵峰居然在考试的时候作弊。接连两场的考试，赵峰的作弊都没有被发现，赵峰很得意，以为这次一定能超过同乡，然而就在第三场考试的时候，他作弊被监考老师抓了个正着。监考老师对他说："前两场考试我就注意你了，想给你次机会，希望你有所收敛，结果你居然连续三场都靠作弊来应试。我再也不能容忍你的行为了！"赵峰当场就痛哭流涕地求老师放过他这次，但学校的制度是无情的。经过分析处理，学校的教务处作出了开除赵峰学籍的处分决定。就这样，赵峰因为自己的嫉妒和攀比令自己失去了毕业的资格。

　　从赵峰的身上，我们应该看到，嫉妒是一种害人害己的不良心理。在嫉妒心理的驱使下，人们会迷失心性，无视道德，身心被残害，最终导致思想偏激，行为极端，酿造恶果。一味地沉浸在比较和嫉妒中，思维会紧张，心思会扭曲，并且就像赵峰那样毁了自己的前程。

　　嫉妒心理对每个人来说，都是有伤害的，会严重影响自己

的成长与进步。与其花费时间和精力去嫉妒别人，不如增加自己的本领和修养，等到自己的品德和成就都得到了别人的羡慕的时候，自己的价值就得到了体现，别人也会尊重你、信任你！

嫉妒是由一种不良的心理状态引起的偏激反应，引发嫉妒心理的原因多种多样，但克服的办法却是很简单也很直接的，只要对自己看问题的角度稍作调整就会发现，嫉妒别人是完全没有必要的。嫉妒别人，实际上是对自己的一种惩罚和虐待，是对自己的一种心理折磨。

放开胸怀，远离嫉妒，为别人的优势与成绩喝彩，发现自己的弱点与不足，努力提高自己，这才是正确的选择。

柳暗花明又一村

路到尽头，恰当转弯，就能够让自己的生活变得"柳暗花明又一村"。

在每个人的生命中，都会经历风雨挫折，常言说"不经历风雨，怎么见彩虹"，困难是每个人通向成功所必须经历的。面对挫折，我们需要迎难而上，奋力进取，"车到山前必有路"，这种豁达的态度是我们应该拥有的。不过从另一方面来说，当一条路走到尽头时，我们应该及时转弯，重新寻找合适的前进道路，免得出现车到山前却无路可走的局面。

生活中的困难是常有的，我们的心情甚至生活往往都会受到这些问题的影响。当我们为了前进的道路彷徨迷茫时，不妨停下匆匆的脚步，仔细看看前面的路。很多时候，换个角度，换条道路，很多事情便会变得容易许多。如果不懂得转弯，只是一味地低头前行，很可能让自己陷入原地踏步的境地，让自己痛苦不堪，无法解脱。

第五章 自己的路自己走

有一个大学女生，和很多大学生一样，她也拥有了一份美丽的爱情，这让她感到十分幸福，爱情甚至变成了她生活的全部。她和他一起吃饭，一起去图书馆，一起轧马路，一起营造着甜蜜的二人世界。她有时甚至会幻想两个人白头偕老的样子。

也许幸福的日子总是太过短暂，她没有想到的是，有一天他会提出分手离她而去。她简直不敢相信这是真的，顿时觉得自己的天空一片黑暗。她从来没有想过若是没有了他自己该怎么生活。一个人的时候，泪水总是挂在她的脸庞。她的生活日渐消沉，有一天甚至想到了轻生。

她收拾好了所有的物品，准备到山中跳崖自杀。在

去往大山的公车上,她静静地坐在后座。忽然,她发现座位旁边的地上有张很精美的卡片,很像一张书签,于是她捡了起来,翻看了一下。卡片的背面有一行字迹娟秀的小字,"不是路已走到尽头,而是应该转弯了。"她惊愕了,仿佛瞬间惊醒。她突然发觉自己的行为是那么愚蠢,在下一站,她坐上了返程的汽车,并且告诉自己,要开心地过好每一天。

她在自己的日记中写道:"曾经的我,被一个不速之客扰乱了平静的生活,却也不经意地被另一个不速之客救赎了。生命不可能总是一帆风顺,风风雨雨也会夹杂在其中,但风雨并不代表路的尽头,它只是在提醒你,该转弯了。"

也许,转一下弯,我们就会发现生活是如此美好,阳光一直都在我们的身边。

在人的一生中,总有一些困难无法克服,总有一些河流无法跨越。学会转弯,在无法跨越的河流面前掉头离开,也是一种人生智慧。然而很多人只是盯着眼前湍急的流水,却忽略了河边的果树。真正聪明的人,他们会观察周围的环境,摘得水果,在转弯时有所收获。我们身边可能就有一些人,他们屡试不第,但在为了考试而准备的过程中，他们的自身实力不断提高，最后虽然没有考试得中，却也得到了良好的发展机会。

很多人都曾有过美好的理想，但最终发现现实离自己的理想很远。其实这是正常的，付出并不等于收获，百分之百的努力无法保证百分之百的成功，人生中很多事情都不是个人意志所能决定的。失败常常伴随人生，重要的是在遭遇失败与挫折时，我们学到了什么。绝境，是锻炼人的好时机，在绝境中有所突破，更容易成就自我。古往今来，拥有这种生活信念的人，最终都实现了人生的超越。

第五章 自己的路自己走

超人是美国人心目中的英雄，而克里斯多夫·李维，便是以主演《超人》而扬名影坛，他也借此奠定了自己一线明星的地位。然而正当他在好莱坞红极一时的时候，一场飞来横祸改变了他的命运。1995年5月，李维在参加一次马术比赛的过程中意外坠马，脊椎严重受损伤，身体高位截瘫，只能借助轮椅生活。当他终于从昏迷中苏醒过来，这位以"超人"形象著称的演员说出的第一句话便是"让我早日解脱吧"。

经历了漫长的康复治疗，李维终于出院了。他的妻子戴娜一直不离不弃，细心地照顾着他。一天，戴娜陪

他出去散心，汽车行驶在蜿蜒的落基山盘山公路上。李维静静地注视着窗外，他发现每当汽车行驶到自己以为没路的时候，路边都会出现一块带有"前方转弯"的警示牌。而拐弯过后，前方的道路宽敞平坦。山路曲折，而"前方转弯"的警示牌不断地出现在李维的眼前，他的心中似乎明白了什么。原来不是路已经到尽头，而是要转弯了。恍然大悟的他对妻子大喊："我要回去，我还有路可走！"

从此，他开始了重回银幕的行动，不过这次他的身份是导演。他重新诠释了希区柯克的《后窗》等经典影片，并获得了金球奖；他拿起了笔，书写了《依然是我》等作品，这些作品很快便成为了畅销书，长期出现在各大排行榜。他还创办了一所残疾人教育中心，并为呼吁社会关注残疾人而四处奔走。

他的事迹令世人赞叹，《时代周刊》也以《十年来，他依然是超人》为题对他进行了报道。李维在文中回顾了自己的心路历程，他说："以前，我一直以为自己只能做一名演员，没想到我还可以在有生之年成为导演，当作家，并成为慈善大使。"

当不幸降临的时候,并不是在宣布路已经到尽头,它只是在提醒我们,该转弯了。只有内心拥有转弯的意识,才能在生活中学会转弯。挫折的另一边往往是转折,危机之中暗含转机,人生有很多选择,我们没有必要一条道跑到黑。路到尽头,恰当转弯,才能够让自己的生活变得"柳暗花明又一村"。

改变不良情绪

鲁宾斯下班后准备打车回家。坐进出租车后,他感觉这位司机是位十分快乐的人,他一会儿吹口哨,一会儿播放经典歌曲,像个无忧无虑的孩子。鲁宾斯忍不住问:"你今天为什么这么快乐?"司机回答说:"这也需要理由吗?""我天天都这样啊!"鲁宾斯这才意识到自己问了个愚蠢的问题,他笑笑说:"说的也是。"过了片刻,司机对鲁宾斯说:"其实,我是在经历一件事后才悟出这个道理来的。人生不如意十有八九,如果稍有不顺就情绪暴躁,不仅于事无补,反而会坏事,更何况事情总会有转机的。"鲁宾斯好奇地问:"愿闻其详。"司机平静地说:"那天早上,我一大早出门,本想趁上班高峰多赚些钱,不料一切都不如意,车子跑了一会儿就

爆胎了，天气太热了，而且前不着村，后不着店，我的心情一落千丈，心想真倒霉，这可怎么办啊？就在我走投无路之际，路边一辆卡车停下来，从车里走出一位司机，一言不吭地来帮忙，不一会儿就帮我把轮胎换好了，我感激地握住他的手，连声道谢，然后掏出钱包要酬谢时，他摆摆手，然后跳上卡车走了。这位司机的出现，使我这天的心情大好，他不仅帮我修好了车，还给我带来好运，那一天生意一个接着一个，比以前任何一天都好。后来我就悟出这个道理：凡事都会有转机，生活不会永远不顺，积极的心态会为每个人带来好运。"

相信事情一定会有转机，其实也是一种乐观的心理暗示力量，当司机明白这个道理之后，他的心中自然充满自信，不要让一时的不如意困扰你的心情，笑一笑，及时地调整自己的心理状态和情绪，不但自己心情变好了，这种快乐也会感染周围的人。

面对生活中的种种困境、人生中的种种不如意，至关重要的是改变心态，正视现实中的困难和挑战，不能盲目地自我设置障碍。认真分析自己的真实情况，抛开忧虑和烦恼，毅然舍弃旧有的东西，振作精神，准备迎接新的战斗。

如果一味沉陷在不良的情绪中，不能很好地解决它，我们势必总会陷于泥潭之中，而且这种情绪会被强化和传染。

对于这一类不正常的情绪，心理学家已经找到几种不吃药的"疗法"。它们不但比医生开的处方更有成效，而且能让你的快乐成倍增长。

在你出现不良情绪时，不妨参照以下的方法，主动调适自己的心情。

1. 培养积极的思维方式

有位心理学专家说，"努力对别人感兴趣吧！这样你不但会让对方高兴，而且能使你从消极的情绪中解脱出来。"积极的思维方式具有化腐朽为神奇的效果。有关实验表明，那些在绝境中依旧积极乐观，甚至能够开玩笑的人，比那些消极脆弱，只知道哭泣的人更容易摆脱困境。所以在困境中，微笑比哭泣更能解决问题。

2. 加强体育锻炼

经常参加体育锻炼的人，情绪的稳定性远远高于那些缺乏锻炼的人。一方面体育锻炼能够增加思维的敏捷性，有利于及时发现问题并加以调整。另一方面能够使人尽快摆脱烦恼包袱，转移注意力。喜欢长期待在办公室的人，大多性格内向，情绪压抑，长此以往，很容易诱发精神疾病。要想保持身心健康，

体育锻炼是最佳方式,不仅可以锻炼身体,还能放松心情。

3. 注意饮食

心理学家研究发现,食物和情绪之间存在着密切联系。比如碳水化合物中,含有一种能够刺激大脑产生镇定和放松效果的化学物质,50克左右的碳水化合物就能起到镇静作用。另外牛奶也具有镇定安神的作用,它含有可抑制神经兴奋的成分,除此之外,大豆、谷类也具有明显的安神功效。

4. 改变外部环境

外部环境对人的心情有很大影响,在婚礼和丧礼上你显然会有两种截然相反的心情,尽管两种情况下,你都是一个旁观者。有人说颜色是人类精神的"营养品",与维生素对身体的影响同样重要。当你暴躁不安时,要尽量避免红色;如果你正沮丧消沉,就不要穿黑色或深蓝色的衣服,明快的颜色更容易使你走出阴霾;中性颜色具有缓解焦虑紧张的作用,所以病房中多会采用柔和的颜色。改变环境不仅仅局限于颜色,登山望远,观海远眺,也都是游目骋怀,放松身心的好方法。

拥有好情绪,就是快乐的保证,乐观的态度能指引我们更上一层楼。谁都希望自己多一些快乐,少一份烦恼,挑剔和抱怨不是我们面对生活的态度,我们应该学会以快乐的心去感受生活,并且把快乐当成是一种习惯,通过我们自身的努力,并借助外界的力量，依靠科学的方法，拥有一份平和、快乐的情绪。

让心灵去旅行

有一位身残多年的老妇几乎从不出门，但她却说自己在心灵的旅行中捕获了许多极其美好的时光。每天，她的心灵总是神游异域，重游童年熟悉的景致，攀登阿尔卑斯山脉，缓步穿过意大利城市的街道，这些曾经是多么亲切啊！她的想象经常让自己置身于心爱的地中海上泛舟，然后，在自己索伦托的老家静坐几个小时，那是那不勒斯湾上千帆竞发，那是维苏威火山升腾起如蒸汽机车冒出的烟，那是成熟的橙子、柠檬落在儿童的脚边……这些都让她感到心旷神怡。在这样的几个小时里，她沉浸于自己的想象之中，全然忘记了疼痛与伤病，忘记了让她终日待在家里的伤残。她只需展开想象之翅，就可随时神游世界的任何地方。她说，诸如此类的心灵旅程甚至比亲身经历更有趣，因为在整个旅途中没有任何烦忧，也无须任何花费。

在心灵的旅程中，她也经常欣赏震撼的戏剧表演，去剧院再看一遍年轻时看过的剧目，然后美美地回忆一

番。她喜欢莎士比亚、布斯、萨维尼与波恩尼巴特等剧作家，当然，还有那些著名的演员。在广阔的舞台上，他们总是不言疲倦地为她演出她喜欢的剧目。在看戏的旺季里，这位女士经常光临着一场场充满魅力的演出。在身体疼痛的时候，她就乘坐心灵的翅膀，深深沉浸于接下来的几个小时中。当她神游回来，心灵已经焕然一新，充盈着新的希望与勇气，去与身体病魔作抗争。她说，若是人们稍微知晓将想象图像化的技巧，然后尽情去享受，那么，人类将感到更为幸福与快乐。

现在，我们所接受过的培养与教育中，从来没有强调通过想象去享受的能力。困扰我们的问题，是许多人过分强调感觉能力的局限性。想象可以让我们从周遭的事情中挣脱出来，在想象的空间中无所不能。在睁眼的一瞬间，我们能以接近光速般的速度去追寻大角星飞翔的脚步。即便我们处于飘雪的北极，在一瞬间，稍动念头，就可身处满眼都是棕榈树的绿色的树林之中了。

大多缺乏想象力的人都会碰到这样一个问题：在他们心中，不存在任何可以寄托的"乌托邦"。他们觉得生活就是棱角分明的，不存在一丝浪漫成分；生活就是单调的受罪，世上没有一个完美的地方。其实，在属于自己心里的那个美丽世界，任何人都是那么善良，事情都是那么如意，我们随时可以退回自己的"乌托邦"里休息一下。这种想法本身就是一种巨大的心理慰藉，让人的心灵获得极大的满足。在那个理想之地里，一切美妙的事物都会呈现，没有纷争，没有烦忧，心灵在那里可以酣睡。

很少人真正感受到，想象力所给我们带来的巨大财富。凭着想象，我们可以随心所欲地从恼人与无奈的环境中逃离出来，从让人沮丧与反感的事情中挣脱出来，我们远离忧郁，进入一个充满欢乐的天堂，一个充满和谐，充满真理的理想国度。

有些人看上去永不疲倦，心灵总是充满着活力与动感，总是充满旺盛的创造力。因为他们有这种指引自己思维的能力，用美好的心理景象来让自己获得休息。

成就伟业之人，其惊人的工作量让人颇感吃惊。他们成功的秘诀在于，时常去做一趟心灵的旅程。他们自觉地关闭忧愁进入心灵的大门，他们回味过往美好的时光，品味曾经让自己倍感幸福的场景，在这样的想象之中升华自己。

若是从中懂得这个秘诀，不久，一颗干涸的心灵将充盈着甘霖。

快乐的源泉是无尽的。声色犬马所带来的感官刺激与智趣

上所获得的更为宏大与高级的乐趣是不可相提并论的。感官上的满足与智趣上乐趣之间的差别,就好比满足最低等的生理需求与最高级的情趣之间的鸿沟。在历史上,有不少失去自由的犯人比一些国王活得更为快乐,因为他们的心灵不受束缚。

不论境遇是怎样的糟,不论以前做过怎样多的错误决定,不论厄运是怎样的挡道,我们都可展开想象之翅,飞向远方,让自己获得平和,获得休息。只专注于现实中的我们,就像一只被困在笼子里的老鹰。若是能飞出樊笼,在一瞬间,就可刺向苍穹,重获自由。

罗斯金曾说过:"对人类遭受的苦难或是失去什么并不感到很意外,因为这一切反而可以带来无尽的乐趣与满足。"

我们的身体是不自由的,但我们的心灵却是自由的,我们为什么要禁锢我们的心灵呢?我们要让心灵去远方旅行,我们要展开想象的翅膀,让我们的心灵飞向遥远的美丽的地方,我们就不再被烦恼所累,获得的,是快乐与清新,是对人生的全新体验。

第六章 多学人生技巧

放低姿态

在21世纪这个全世界文化相互交融的年代，有的人主张要张扬个性，高调展示自己；也有的人主张要遵守老祖宗的箴言，放低姿态。那么，在现代社会是要张扬个性，还是放低姿态呢？

放低姿态，看低自己，不是鄙视自己，压抑自己，而是更加清醒地认识自己；放低姿态，不是低声下气、奉承谄媚，失去做人的原则，而是以一颗诚挚的心去对待人和事。

同样，在职场中，只有放低姿态，才能找到施展才能的舞台。

俞敏洪曾说要放低自己，才能托起未来。能够放低自己的人，通常将来能够走得更高。

小马在一所名牌大学读完研究生后进了一家公司，与他同时进公司的同事或者学历没他高，或者学校没他好，为此他很有优越感。

当领导分配他做最基础的工作时，他便觉得自己是

大材小用。一次，在结算时，他把一笔投资存款的利息重复计算了两次，虽然最终没有给公司造成实际损失，但整个公司的财务计划却被打乱了。

事后，他觉得这就像做错了一道数学题一样，只要改正过来，下次注意就是了，没什么大不了的。

他的这种态度让主管很不放心，以后再有什么重要的工作，也不再让他参与了。没过多久，这位名牌大学毕业的高才生就与自己的第一份工作说"拜拜"了。

应该说，他不是败给了别人，而是败给了自己。

与之相反，小苏是一位计算机博士，现在是某信息技术公司的技术总监，在这个令人称羡的职务背后隐藏着小苏当年求职时的苦涩。有谁想得到，博士刚毕业时也曾经过了半年的失业生活，即使后来进了公司，也只是一个办公室助理兼杂务员。

当初，小苏找工作时抱着非五百强企业不去，非管理层不干的宗旨，导致求职处处碰壁，因此一毕业就失业了，在家里待了大半年。其间，几乎所有的同学都步上了工作岗位，虽说他们的收入也没有达到当初他为自己设定的标准,"但是有一定的工作积累总好过'家里蹲'吧"。一位昔日的同窗好友这样告诫小苏:"你呀,也别整天想着自己是个博士,这个不做,那个不干的,得先让企业有一个机会了解你,知道你有真才实学才行啊。"

一语惊醒梦中人。之后,小苏调整了心态,索性收起自己的博士文凭,而只拿出本科文凭,结果很快被一家电脑公司聘用了,让他做一些简单的电脑操作。当然,由于是新人,老板也让他处理一些办公室杂事,并要求他协助其他同事共同完成一些项目。对此,小苏没有任何怨言。老板当初给小苏的工资比一般本科生还略逊一筹,但是小苏却干得很认真,经常加班加点,几个月下来,公司上下都很喜欢他。

后来,小苏在公司小结中发现了一些公司内部程序上的错误并向老板提出建议。结果,老板不仅升了他的职,还让他享受本科生的同等待遇。不久,老板发现他的程序设计和经营管理水平也明显比公司其他管理人员和专业人员高出一筹,感到非常奇怪。此时,小苏终于亮出自己的博士底牌,老板一惊,才知道自己这么久以来大材小用了,于是决定重金聘用他,让他负责全公

司的业务运作。

所以说,放下姿态,才能让自己得到实惠,才能成就自己。

从某种意义上来说,放低姿态也是一种风度。

看低自己的人总是很知足,对获得的成功往往更加珍惜。一个富有但仍然不忘看低自己的人,他不会自傲和奢侈,而是淡化人们对他的嫉妒心理,使自己在和谐的人际关系中继续发展;一个身居高位仍然看低自己的人,不会专横和贪婪,而是展示出自己的君子风度,让人们觉得他可亲可敬。

看低自己是对人的真实本性的理解和把握,是对人性和历史的继承及超越。看低自己,能够宽容他人的缺陷和过错,能够看到世界上更多的精彩,能够成就自己的操守,使自己闪现出灵魂的美丽。只有看低自己并不断否定自己的人,才能够不断吸取教训,提升品质,才会为别人的成功而欣喜,为自己的善解人意而高兴,使自己在和谐的心态中生活。

要耐得住寂寞

居里夫人,被誉为"镭的母亲"。

1896年，法国物理学家亨利·贝克勒发现了元素放射线。贝克勒发现的射线，引起了居里夫人极大兴趣，射线放射出来的力量是从哪里来的？居里夫人看到当时欧洲所有的实验室还没有人对铀射线进行过深刻研究，于是决心闯进这个领域。

理化学校校长经过皮埃尔·居里多次请求，才允许居里夫妇使用一间潮湿的小屋做理化实验。在6摄氏度的室温里，她完全投入到铀盐的研究中去了。

实验仪器很少，屋顶漏雨，墙壁透风，条件实在太糟了。但是居里夫人毫不在乎，专心做她的实验。在研究过程中，她发现，能放射出那奇怪光线的不只有铀，还有钍。她把这些光线称为"放射线"。

居里夫人在进一步的研究中发现，可能还有一种物质能够放射光线。这种光线要比铀放射的光线强得多。她认为，这种新的物质，也就是还未被发现的新元素，只是极少量地存在于矿物之中。她把它定名为"镭"，在拉丁文中，它的原意就是"放射"。皮埃尔也同意这种见解，可是当时有很多科学家并不相信。他们认为这可能是实验出了错误，有的人还说："如果真有那种元素，请提取出来，让我们瞧瞧！"

美好人生需要好心态

为了得到镭,居里夫妇必须从沥青铀矿中分离出镭来。他们怎样才能得到足够的沥青铀矿呢?这种矿很稀少,矿中铀的含量极少,价格又很昂贵,他们根本买不起。后来,他们得到了奥地利政府赠送的一吨已提取过铀的沥青矿的残渣,开始了提取纯镭的实验。

居里夫妇的实验室条件极差,夏天,因为顶棚是玻璃的,里面被太阳晒得像一个烤箱;冬天,又冷得人都快冻僵了。居里夫妇克服了人们难以想象的困难,为了提炼镭,他们辛勤地奋斗着。居里夫人立即投入提取实验,她每次把20多公斤的废矿渣放入冶炼锅熔化,连续几小时不停地用一根粗大的铁棍搅动沸腾的材料,要搬动很大的蒸馏瓶,把滚烫的溶液倒进倒出。而后从中提取仅含百万分之一的微量物质。实验室里全是呛人的浓烟她却片刻不离。

他们从1898年一直工作到1902年,经过几万次的提炼,处理了几十吨矿石残渣,终于得到0.1克的镭盐,测定出了它的原子量是225。镭宣告诞生了!居里夫人却瘦了三十斤。

居里夫人能够耐得住寂寞,在忘我的工作中,创造了科学史上的奇迹，成为一代伟大的科学家，为科学事业作出巨大贡献。耐得住寂寞是一种坚守，在纷至沓来的诱惑面前，如锚碇般坚强稳定，稳住左顾右盼、游离不定的心思；耐得住寂寞是一种专注，是一心一意的、全神贯注的追寻与探索，是锲而不舍、孜孜不倦的探求。大凡成功者，在目标实现前的两个阶段都是一个耐得住寂寞的人。耐得住寂寞是一种心境、一种智慧、一种精神内涵，蓄积着惊人的力量。也许与寂寞为伴是痛苦的，但寂寞不是一首悲歌，而是一条滚滚向前的大河，在迂回曲折中孕育出的快乐才是人生真正的快乐。

生命旅程中，任何生命个体都不可能摆脱寂寞。寂寞是一段无人相伴的旅程，是一方没有星光的夜空，是一段没有歌声的时光。它使空虚的人孤苦，使浅薄的人浮躁，使睿智的人深沉。寂寞使空虚的人孤苦，寂寞使浅薄的人浮躁，寂寞使睿智的人深刻。上苍恰恰是通过生命个体能否耐得住寂寞来激发其创造潜能的。安静的准备和积极的等候是寂寞的。很多时候我们没有了解寂寞的真谛，以致抛弃它，同时把成功也抛弃了！很多时候我们耐不住寂寞，以致成为诱惑的俘虏，导致不断地失败！

耐得住寂寞，对每个人来说，都至关重要。耐得住寂寞，方能内心平静、宠辱不惊，有所作为。耐得住寂寞，才能不为外物所诱，抛开私心杂念，不浮躁，不盲从，保持正确的人生

态度和价值取向；才能对真正所爱好的事情专情凝注，心无旁骛，不怨天尤人，不妄自菲薄，不见异思迁，向着既定的目标坚持不懈地走下去，最终总会有所收获。

台湾著名作家刘墉曾经说过，年轻人要过一段"潜水艇"似的生活，先短暂隐形，找寻目标，耐住寂寞，积蓄能量，日后方能毫无所惧，成功地"浮出水面"。一个胸无大志的人，是耐不住寂寞的，他们常常会被外面的花花世界所干扰，最后在朝三暮四的动摇与徘徊之中浪费了自己的大好时光。如果你有开创事业的远大志向，能够在浮躁的环境之中真正静下心来，踏踏实实走好每一步，坚守住寂寞，那么你一定能获得惊人的成就，也会对生活中的寂寞和快乐有更多的感悟。

很多年前，有一个养蚌人，他想培育一颗世界上最大最美的珍珠。于是他一大早来到沙滩上准备挑选沙粒。他耐心地询问一颗颗沙粒，问它们愿不愿变成一颗美丽的珍珠，但那些沙粒都摇头说不。直到黄昏他快要绝望的时候，终于有一颗沙粒答应了他。

旁边的沙粒都嘲笑那颗沙粒，说它不是傻瓜就是弱智，去蚌壳里住，深藏海底很多年，远离亲人朋友不说，还见不到阳光雨露，享受不到明月清风，甚至还缺少空气，只能与黑暗、潮湿、寒冷、孤寂为伍，实在是太不值得了。

可是那颗"傻傻"的沙粒还是无怨无悔地随养蚌人去了。

几年过去了，那颗沙粒成长为一颗晶莹剔透、价值连城的珍珠，它整日周游列国，在让人们欣赏自己的美丽的同时，也赢得了人们的尊重和赞美。而曾经嘲笑它的那些伙伴们，却依然是一堆沙粒，有的已风化成土。

坚韧与执著地生活，当走过黑暗与苦难的长长隧道之后，你或许会惊讶地发现，平凡如沙粒的你，不知不觉中已成为一颗璀璨耀眼的珍珠。

随着现代社会的高速发展，越来越多的人变得浮躁，沉不下心来。很多人都急于求成，希望能一蹴而就，希望能顺利找到通往成功的捷径。只有修炼执著的心态，才能冷静地思考人生的方向，才能积蓄有所作为的能量，才能获得更多的成功机会。

孟子曰："天将降大任于斯人也，必先苦其心志，劳其筋骨，饿其体肤，空乏其身。"不在寂寞中奋斗，在奋斗中积累，何来一鸣惊人？人的一生不可能不受挫折，在受挫时，更要平心

静气地享受寂寞，养精蓄锐，蓄势而发。耐得住寂寞，是一种境界和品味。耐得住寂寞，是一种情愫、一种享受。寂寞的时候，面对真实的自我，寂寞中有恬静，悲凉中有温馨，便有无穷的意味。耐得住寂寞，是一种修养。耐得住寂寞，要有淡泊之心。必须保持心底的那一份纯净，守静如一，安之若素；必须保持对诱惑的一种警觉，闹处不闹，躁处不躁。

耐得住寂寞，是一个人思想灵魂的修养体现，是一种难能可贵的风范。寂寞是人生中难以摆脱的事情，它如同生活中的喜怒哀乐一样，时刻伴随着我们。正确对待寂寞，耐得住寂寞，其实很简单，就看你的认识和追求动机是什么。

人生是一个自我修行与修炼的过程，当你发现了自己生命与工作的意义，找到了自己的方向，就应该耐得住寂寞，经得起诱惑，驱除掉浮躁，扛得起挫折，执著追求、永不放弃的希望与努力，终将把你历经的一切书写成华丽的乐章。

珍惜每一分钟

上帝是公平的，不论你是贫穷还是富贵，我们每一个人的一天都只有24个小时。就在两千年前，孔子立于河边，面对奔流的河水，想起逝去的时间与事物，发出了一个千古流传的感叹：逝者如斯夫，不舍昼夜。

古往今来，所有成功的人都懂得珍惜时间。美国著名科学家富兰克林曾经说过："你热爱生命吗？那么就请你别浪费时间，因为时间是组成生命的材料。"确实，一个人生命的价值在于他为社会创造的价值，但这种创造的价值却是随时间的延续来实现的。试想，历史上那些为人类创造出许多物质财富和精神财富的文艺大师、科学巨匠，哪一个不是通过"惜时"把自己的人生体现得丰富而有意义呢？这里我们还是先听听他们自己的体会吧。

法国作家巴尔扎克也十分珍惜时间，他把所有的时间都用在了写作上。他的创作时间表是："从午夜到中午工作，就是说，在圈椅里坐十二个小时，努力修改和创作。然后从中午到四点校对，五点钟用餐，五点半才上床休息，而到午夜又起床工作。"他把全部精力用在了工作上，成为名副其实的"工作狂"。巴尔扎克的写作速度很快，平均每三天他的墨水瓶要重新装满一次，并且得用掉十个笔头。他创作出《欧也妮·葛朗台》、《高老头》等90多部优秀的中长篇小说，成为一位多产作家，在世界上享有盛誉。他之所以功成名就，与他珍惜时间、勤奋写作是分不开的。

鲁迅的成功，说起来很简单，就是珍惜时间。鲁迅12岁在

绍兴城读私塾的时候,父亲正值重病,两个弟弟尚且年幼,鲁迅不仅经常上当铺、跑药店,还得帮助母亲做家务;为免影响学业,他必须做好精确的时间安排。

同样,鲁迅几乎每天都在跟时间赛跑。他说过:"时间,就像海绵里的水,只要你挤,总是有的。"鲁迅读书的兴趣十分广泛,又喜欢写作,他对于民间艺术,特别是传说、绘画,也深切爱好。正因为他涉猎广泛,多方面学习,所以时间对他来说,实在非常重要。他一生多病,工作条件和生活环境都不好,但他每天都要工作到深夜才肯罢休。

美国人说,时间就是金钱。但鲁讯认为:时间就是生命。倘若无端地空耗别人的时间,其实是无异于谋财害命的。因此,鲁迅最讨厌那些"成天东家跑跑,西家坐坐,说长道短"的人,在他忙于工作的时候,如果有人来找他聊天或闲扯,即使是很要好的朋友,他也会毫不客气地对人家说:"唉,你又来了,就没有别的事好做吗?"

法国思想家伏尔泰曾说过一个意味深长的谜:"世界上哪样东西最长又是最短的,最快又是最慢的,最能分割又是最广大的,最不受重视又是最值得惋惜的;没有它,什么事情都做不成;它使一切渺小的东西归于消灭,使一切伟大的东西生命不绝。"这是什么?众说纷纭,捉摸不透。

有一个名叫查第格的智者猜中了。他说："最长的莫过于时间，因为它永远无穷无尽；最短的也莫过于时间，因为它使许多人的计划都来不及完成。对于在等待的人，时间最慢；对于在作乐的人，时间最快。它可以无穷无尽地扩展，也可以无限地分割；当时谁都不加重视，过后谁都表示惋惜。没有时间，什么事情都做不成。时间可以将一切不值得后世纪念的人和事从人们的心中抠去，时间能让所有不平凡的人和事永垂青史。"

时间到底是什么呢？时间对于不同的人有不同的意义。对于活着的人来说，时间是生命；对于从事经济工作的人来说，时间是金钱；对于做学问的人来说，时间是资本；对于无聊的人来说，时间是债务；对于学生来说，时间是财富。

对于想要成功的你来说，你的一天又有多长呢？一旦目标确立，就应该马不停蹄地向目标奔去。珍惜时间，一分钟掰成两分钟用。这样，你离你的目标就不再遥远了。当你成功的时候，就可以自豪地向全世界说，我成功的原因是：我的一天有48个小时。

学会独立思考

懒惰平庸的人不是手脚不勤快，而是不擅思考，懒于动脑，

一旦这样的习惯养成，那么他们在遇到困境时就很难摆脱。相反，那些成大事者都养成了勤于思考的习惯，善于发现问题、解决问题，不让问题成为人生的难题。可以说，任何一个有意义的构想和计划都是出自思考，而且思考得越痛苦，收益就会越大。

古希腊的佛里吉亚国王以非常奇妙的方法，在战车的轭上打了一个结。他预言：谁如果能打开这个结，就可以征服亚洲。一直到公元前334年还没有人能将绳结打开。后来，亚历山大率军入侵小亚细亚，他来到绳结前，不假思索地拔剑砍断了它。后来，他果然一举占领了比希腊还大50倍的波斯帝国。

一位年轻人到一家餐馆求职，老板问他们：在人群密集的餐厅里，如果你发现手上的托盘不稳将要跌落的时候该怎么办？许多应征者都答非所问。这个年轻人答道：如果四周都是客人，我就要尽全力把托盘倒向自己。最后，这位年轻人被录取了。

你身体唯一能完全控制的东西是你的思考能力，你所制订的所有计划、目标和成就，都是思考的产物。你可以以智慧或是以愚蠢的方式运用你的思想，但无论如何运用它，它都会显现出一定的力量。没有正确地思考，是不会克服坏习惯的，如果你不学习正确地思考，你就会遭遇挫折。

人在面对挫折时，常不由自主地一次次回忆那些令自己伤痛的感觉与事物。仔细地观察自己的内心世界，你便会发现，自己已沉陷在那些不愉快的思想之中而无法自拔。你开始怨恨曾经伤害过自己的人，害怕面对生命中的挑战。刚开始也许只是一种很微小的挫折感，但随着思想的强化，很可能会被扩大成很大的一个心理影响。

所以无论怎样，我们都要学会正确地思考。你必须质疑企图影响正确思考的每一个人和每一件事，看清楚别人的优势，挑战自己的劣势。但这并不是缺乏信心的表现。事实上，它是尊重客观事物的最佳表现，因为你已了解到你的思想是从客观事物那儿得到的唯一可由你完全控制的东西。在克服自身劣势的过程中，如果你是一位正确的思考者，那么你就是你情绪的主人而非奴隶。你不应给予任何人控制你的思想的机会，你必须拒绝错误的倾向。一般人开始时，会拒绝某一项不正确的观念，但后来因为受到家人、朋友或同事的影响而改变初衷，进而接受此观念。

美国心理学家所罗门·阿希设计过一个实验：他请了几个大学生自愿做他的实验对象。还有其他5个人是事先安排好了的假试者，即我们俗称的"托儿"。

阿希要大家做一个非常容易的判断——比较线段的长度。他拿出一张画有一条竖线的卡片，然后比较这条线和另一张卡片上的3条线中的哪一条线一样长。判断共进行了18次。但在两次正常判断之后，5个假试者故意异口同声地说出一个错误答案。

结果，有76%的人至少做了一次从众的判断。仅有24%的人一直没有从众，他们按照自己的正确判断来回答。

这就是所谓的"从众心理"。生活中，要使一个人相信并坚持自己的判断不容易，因为每个人内心深处都没有足够的安全感，所以我们要寻求认同。可是，如果过分求同，就可能使我们失去创造力。

有人调查闯红灯，发现了一个有趣的现象：在十字路口，当对面红灯亮起时，有一位行人立即停止了前行的脚步。但当另一个行人若无其事地从他身边走过去时，也许犹豫了一下，也许根本没有犹豫，他也会立即紧紧跟上，然后，更多的人也会对红灯视而不见，心安理得地穿过马路。这也是人的从众心理在起作用。

从众心理，几乎每个人都会在一定的场合自觉或不自觉地表现出来。比如一般的人参加会议，总是习惯性地往后面坐，似乎约定俗成前面一排只有领导或重要角色才能去坐。于是很多时候主持会议的人不得不下令最后几排的人统统坐前面来，否则会议室稀稀拉拉不像样子。还有我们常常会在街头看到一群人围在一起，于是也耐不住好奇心去瞧瞧热闹，人越围越多。实际上可能只是有人摔了一跤，爬起来拍拍屁股走人就是了，却招来了众人的围观。

俗话说："真理往往掌握在少数人的手中。"在此这么讲，并不是让人们与众人唱反调，也不是要求他们非要与众人格格不入。而是正如作家史迈利·布蓝敦在他的著作中说的一样："要适当程度地'自爱'。因为，在很多人眼里，众人都做的事情才是正确的，众人都赞同的观点才是科学的。"

所以，生活中人们会习惯性地效仿他人，进而失去了自我思考能力。从影响力的角度讲，当一个人失去自我，没有"自爱"的时候，也便不能更好地影响他人。只有"自爱"的人，才能征服自己、影响自己，进而更有效地影响他人。所以，当你试图影响他人成为自己的跟随者前，首先要成为自己的跟随者。

心理学上认为，如果人们太轻易进行从众行为，那么势必

不会更好地向他人施加影响，因为几乎没有人会对一个人所共知的道理产生兴趣。所以，过分地从众能够扼杀个人的独立意识和判断力。当一个人没有自己独特的思想、意见、观点时，他又拿什么去影响他人呢？

人类作为群居动物，每个人总是生活在一定的群体当中。既然生活在群体当中，那么，周围人们的意见和看法就不能不对我们产生作用和影响。这些意见和看法会使我们盲从还是引发更深的思考，这是需要我们注意的！

难得不在乎

如果你的真诚换来了别人的利用，无论如何，你依然要真诚；如果你的忠贞换来了爱人的背叛，无论如何，你依然要忠贞；如果你的坚持自我换来了别人的嘲笑，无论如何，你依然要坚持自我；如果你的行侠仗义换来了报复伤害，无论如何，你依然要路见不平拔刀相助；如果你知道你口中的实话或许对自己不利，无论如何，你依然要实话实说；如果你知道你的热心或许会换来别人的防范，无论如何，你依然要热心；如果你的包容换来了对方的得寸进尺，无论如何，你依然要包容与你为敌的人；如果你的乐善好施换来别人的忘恩负义，无论如何，你依然要充满爱心地去帮助每个人。

　　印度的哲学家和灵性导师克里希那穆提，一生都在全世界演讲关于灵性成长的课题，他的话震撼灵魂，常常使听众泪流满面，被人认为是洞悉了宇宙秘密的人，许多人狂热地崇拜他、跟随他。在他晚年的一场演讲中，他问了一个让所有听众都惊讶却欣喜的问题："你们想知道我的秘密吗？"在座的许多听众都是追随了他多年的信徒，可是无法领会大师的精髓，每个人都屏息竖耳，等待他的答案。"我不在意任何发生的事情——这就是我的秘密。"他简洁深远的话语再次震撼了人们的心。

因此我们要做的就是在每天的生活中不让任何事情影响我们的平静心情，以一种超脱的心境对待生活。

　　日本著名的白隐禅师住在一个小镇里。人们很崇敬他，很多人向他学习灵性的成长。有一次他隔壁邻居十几岁的女儿怀孕了。她的父母愤怒地责问孩子的父亲是谁，女孩最后招认说是白隐禅师。盛怒之下，她的父母冲进白隐禅师家，大声叱责禅师，说他们的女儿已经

承认他就是孩子的父亲。禅师回答道:"是这样的吗?"丑闻传遍了小镇和各地,白隐名誉扫地。但这并没有困扰他。再也没有人来拜见他了,他还是不为所动。当孩子生下来的时候,父母把孩子带去给白隐:"你是孩子的父亲,所以你抚养他。"于是白隐就以爱心照顾这名婴儿。一年过去了,孩子的母亲痛悔地向父母坦承,孩子真正的父亲是一个在肉店工作的年轻人。她的父母深感不安地去见白隐,道歉并请求原谅。禅师仍是只说了一句:"是这样的吗?"

白隐用行动做到了——不在意任何发生的事情。他接受一切发生的事情,不抱怨、不解释,他已经超脱了世人的思想境地,不用普通人的智慧去处理问题,无论对错,都不参与人间的纠缠纷争,冷静地看待一切,犹如事情发生在另外一个人身上。

如果你每天都为琐事烦忧,就会失去自我,你越是抗拒它,就越会受制于它。只有当你坦然地以一颗不在意的心去对待世界,你才能掌控自己的生活,也就没有任何事物可以影响你的情绪。

不在意就意味着包容、喜欢。你是否有这样的经验?当你去接纳一个人,你就会发自内心地欣赏和宽容对方;当你抵触一个人，你就会厌烦、逃避对方。抵触的态度会让我们痛苦，唯一的办法就是以一种迎接、化敌为友的态度来替代。

当你用不在意的态度，和善、宽容的态度去对待每天发生在你生命中的人和事时，你的心态、你的人际关系也就随之改变了，你很快会看到你的一切都在往更好的方向发展，你不再居住于一个充满矛盾、冷漠、颓废的世界。你会意识到，曾经的你一直在被错误的思想观念所引导，人生的常态应该是完全地快乐满足，而不是被痛苦烦恼时刻纠结。

也许你觉得万事不在意很难做到，请这样想：你不可能奢望每个人都是无私而充满爱心的，去包容他们吧，相信他们会在岁月中成长，用你的言行去影响和改变他们。

因为，你在乎的不是世人对你的评价，而是自身的价值，你心中的那份真善美，才是你坚持下去的原动力。

学会放手

人在刚刚出生的时候，小小的拳头是握紧的；人在生气的时候，愤怒的拳头更是握得紧紧的。人生在世，好像总想要抓住什么似的，好像只有这样才能缓解心里的紧张和不安，好像抓住点什么才不枉到世上走一遭。现今社会，物欲横流：小时

美好人生需要好心态

候想拥有遥控车、挖土机、布娃娃、水晶鞋、花裙子；长大了想拥有汽车、洋房、窈窕的身材、姣好的面容；男人们想拥有女人，女人们想拥有爱情。这些欲望充斥着我们的生活。有人会说："活着怎么这么累啊！"

古语"退一步海阔天空"说得好，"退"也就代表着放手，而不代表失败，何苦让自己活得这么累呢？花开得再美丽，也终究要凋谢的。即使你再怎么慨叹，美丽也不会重生，那么就学会放手吧！

人生不可无目标，男儿不可无抱负。理想是成功的前提，目标是航行的灯塔。不过凡事要有个度，恢弘的希望固然值得赞赏，不懈的坚持也应受到表扬。但是当你的目标远远超过你的能力时，那么你不仅充满了目标达不到的失望，也会产生一种悲观的心态，这种心态会布满前程，就像灰色的蜘蛛网。老话常说："目标不是蹦一蹦就能够做到的事。"所以如果真的是自己无法企及的目标，这个时候，勇敢地放弃不失为最好的选择。学会放手也是一种心态，是一种成功所必需的精神力量。

歌德说过："生命的全部奥秘就在于为了生存而放弃生存。"人生就是选择，放手并不意味着终结，或许是另一扇门的打开。当千千万万人都在挤独木桥的时候，与其挤得头破血流，不如潇洒地转身，或许桥的这头还有你未曾领略过的风采。放手不代表失去，放手是为了更好地拥有。

　　一位国外的教师在课堂上向他的学生提出问题：皮球掉进洞里，你该怎么办？第一个学生回答：把水灌入洞中，皮球就会浮上来。老师说不行，因为洞有缝隙，底部会漏水，所以皮球不可能浮上来。第二个学生答：用铁钩把球钩出来。老师说也不行，那样会把球弄坏。第三个学生回答：用竹竿涂上胶，再把竹竿伸进洞，把皮球粘出洞外。老师继续否定，因为洞的形状是弯曲的，而竹竿是直的，它无法靠近皮球。第四个学生满怀信心地说：我用炸药将洞炸开，皮球就会滚出来。"仍然不行。"老师再次否定，"因为那样会连同皮球一起炸坏。"最后一个学生说，这么多方法都不行，那我只能放弃那个皮球，再买一个新的。"好。"老师终于露出了满意的笑容，做出最后的总结，"当你遇到一个问题，在你用了很多方法都无法解决的话，那就需要放弃。"

也许会有人质疑这个老师，不叫学生想尽办法达到目的，而是教他们学会放弃。但是如果仔细想一想，当孩子们想尽了各种办法都无法达到将皮球完好地取出来，在这种情况下，果

断地放弃不失为最好的选择，与其一直在一个达不到的目的上徘徊不前，何不试着放手，让心灵得到放飞。

放弃失落带来的痛楚，放弃屈辱留下的仇怨，放弃无休止的争吵，放弃没完没了的辩解，放弃对情感的奢望，放弃对金钱的渴求，放弃对虚荣的纠缠……只有当机立断地放弃那些次要的、枝节的、不切实际的东西，你的世界才能风和日丽，晴空万里。

人们总是死死抓住一点点眼前的诱惑而不能自拔，无论为之付出的代价是多么惨痛，然而不肯放手的东西真的有那么大的诱惑吗？事实上，死死抓住不肯放手往往是人们的普遍心态。就像目标定位的道理一样，不肯放手是过度追求的一种，在许多种情况下，其实放手是最好的选择，俗话说："退一步进两步，进得踏实，也许能比一直向前的人更早达到目标。"

放手是一种"拾级而上"的从容，也是一种"闲庭信步"的淡然。"明者远见于未萌，智者避危于无形"。历史上很多学会放手的人后都取得了成功：大文豪马克·吐温放弃了自己并不擅长的经济活动、鲁迅和契诃夫弃医从文、班超投笔从戎，都是放弃了自己原来的事业后来才取得了巨大的成功。所以有的时候，学会放弃，才能使自己更睿智，更靠近成功的彼岸。

我们做任何事，都应该记得：能则为之，不能为就果断地选择放弃。因为与其在不可能达到的目的中沉迷而不能自拔，不如向着其他的目标尝试，也许成功正在那里翘首以待。当然学会放手需要勇气，这股勇气也将是你成功道路上勇往直前的精神食粮。

成熟需要代价

在一次聚会上，著名的汽车商约翰·艾顿正在与他的朋友、后来成为英国首相的丘吉尔聊天，艾顿谈起了他的过去。他出生在一个偏远小镇，父母早逝，是姐姐帮人洗衣服、干家务，辛苦挣钱将他抚育成人。但姐姐出嫁以后，姐夫对他很不好，甚至将他撵到舅舅家。舅妈很刻薄，在他读书时，规定每天只能吃一顿饭，还得收拾马厩和剪草坪。刚开始工作的时候，他根本租不起房子，有将近一年的时间是躲在郊外一处废旧的仓库里睡觉……

丘吉尔惊讶地问："以前怎么没听你说过这些呢？"艾顿笑着回答："有什么好说的呢？正在受苦或正在摆脱受苦的人是没有权利诉苦的。"这位曾经在生活中失意、痛苦了很久的汽车商又说："苦难变成财富是有条

件的，这个条件就是，你战胜了苦难并远离苦难不再受苦。只有在这时,苦难才是你值得骄傲的一笔人生财富。别人在听你诉苦时，也不觉得你是在念苦经，只会觉得你意志坚强，值得敬重。但如果你还在苦难之中或没能摆脱苦难的纠缠，你说什么呢？这些话在别人听来，无非就是请求廉价的怜悯甚至乞讨，这个时候你能说你正在享受苦难，在苦难中锻炼品质、学会了坚韧吗？别人只会觉得你是在玩精神胜利、自我麻醉。"

艾顿的一席话，使丘吉尔重新修订了他"热爱苦难"的信条。他在自传中这样写道："苦难是财富,还是屈辱？当你战胜了苦难时，它就是你的财富；可当苦难战胜了你时，它就是你的屈辱。"

苦难带给人们的不仅只有创伤，还有一份成熟与坚韧。在每一次创伤背后，都会收获一份成熟，一次对人生的重新思考。请相信，你得到的远比失去的要多得多。

莎士比亚曾经满怀深情地对一个失去了父母的少年说："你是多么幸运的一个孩子，你拥有了不幸。"当时这个刚刚失去父母的孩子，正处在孤苦无依的悲惨境地，孩子充满疑惑地看着这个被人们尊敬的艺术大师，根本无法理解他的话。莎士比亚摸着孩子的头说："因为不幸是人生最好的历练，是人生不可缺少的历程、教育，因为你清楚地知道失去父母之后，一切就只能靠你自己了。"

这个孩子似乎领悟了什么，悄悄地躲开了莎士比亚的目光。40年以后，这个孩子——杰克·詹姆士，成为英国剑桥大学的校长、世界著名的物理学家。

如果苦难不可逃避，那么就让它留下的创伤永远提醒自己，让自己变得更加坚强。人们通常会把不幸视为人生的逆境而抱怨命运的不公，然而抱怨又能起到什么作用呢？那些在人类历史上留下了杰出脚印的人们，很多人都曾遭遇过不幸。以文坛为例：给人类留下了《战争与和平》、《安娜·卡列尼娜》、《复活》等不朽作品的伟大作家托尔斯泰，3岁丧母，10岁丧父；曾经被英国女王授予"荣誉侍从"称号的英国著名小说家毛姆，出生不久父母就相继去世了；而著名的哲学家萨特，幼年丧父，母亲改嫁，他在外祖父的家里长大；伟大的苏联作家高尔基的童年更加不幸，他幼年丧父，从11岁就开始自己谋生；法国作家巴尔扎克，出生不久，父母就因经济拮据而把他送到

乡村寄养，童年几乎没有得到读书的机会。

这些伟大的作家都是在饱经人间苦难之后，对人生有了深刻的认识，从而写出了流芳百世的不朽经典。

经历过刻骨铭心的痛，换来的是对人生更加透彻的认识。失败只会让你更加成熟，没有不曾失败的人，只有不够成熟的失败者。

一帆风顺的人生不是完美的人生，没有经历过创伤，就不会成熟。在通向成功的道路上，失败是不可避免的。跌倒了，受伤了，爬起来就是了，一蹶不振的人永远都是失败者。

每一次创伤都是一种成熟。挫折、困苦、失败，不可能击倒意志坚强的人，只会引领他们走向成熟，走向成功。跨过创伤，失败的经历就能带领我们走向一个更加明朗的世界，越过它，你会更加懂得人生；失败能引领我们走向一个更加成熟的胜利，越过它，你会发现自己的意志如同淬过火的钢铁，坚韧无比，同时更加自信，更加执著。

忘记创伤之后的痛，记得它留给你的思考，让那份成熟慢慢积淀，成为你人生最宝贵的财富。

正视自己的缺点

主动暴露缺点，乍一听上去令人不可思议。现实生活中，大多数人都在极力掩饰自己的缺点，生怕被人发现，从而避免产生不利影响。其实，正如少数人才能成功一样，真正杰出的人敢于暴露自己的缺点，让大家监督，这有利于将自己的劣势转变为优势。

敢于自我揭短的人往往更有学习和工作动力。心理学家认为，如何对待自己的缺点实际上反映了一个人内心深处的动机：不敢正视自己的缺点、想方设法隐藏自己短处的人背后的深层动机是自我美化，而敢于承认并改进自己缺点的人，背后的深层动机则是自我提升。

自我美化者，往往将更多的精力用于炫耀优点和隐藏缺点，而自我提升者，则把更多的精力用在不断改善、优化方面，因此也能不断提升与进步。可见，自我提升者显然更有动力去改进自己的缺点，从而把弱项变成强项，把劣势转化为优势，从而不断超越自我，做出更好的成绩。

> 众所周知，鲨鱼是海洋世界当之无愧的霸主。然而，在很久以前鲨鱼却是海洋里唯一没有鱼鳔的鱼。缺少了

鱼鳔，鲨鱼不能任意地在水中上浮和下沉，因此，鲨鱼只有不停地游动才能使自己不沉到水底。也正是由于不停地游动，鲨鱼造就了一身强健的体魄，成为了鱼类中的佼佼者。

可以说，没有鱼鳔的鲨鱼是不幸的，因为这种身体上的劣势，鲨鱼随时有可能无法在海洋中生存下来。然而鲨鱼又是幸运的，由于这种先天的劣势，鲨鱼在艰苦的环境下，不断地改变自己，不仅摆脱了劣势，而且成了海洋的霸主。

世上没有十全十美的人，缺点总是客观存在的，关键在于如何将劣势转化为优势。

2007年11月6日，美国马萨诸塞州费奇堡市市长选举结果揭晓，28岁的亚裔女子黄素芬以72%的高得票率成为该市建立243年来首位亚裔市长。选举伊始，黄素芬并没什么优势，相反是处于弱势位置，但最终却能以高票当选，主要在于她善于将劣势转化为优势。2007年8月，美国费奇堡市新一任市长选举开始了。某天，父亲对黄素芬说："我觉得你可以去报名参加市长选举。""我去参加市长选举？这不是纯粹去凑热闹吗?"黄素芬笑着说出了自己的劣势,"第一,我是亚裔,亚裔仅占全市人口的一半左右,华裔就更少了。200多年了,费奇堡市还没有一位亚裔市长。第二,我才28岁,刚工作不到5年,市民肯定会怀疑我的能力。第三,我认识的人不多,人脉也不广,而参选的有曾任四届市议员的唐纳利,在本市已经积累了很深厚的人脉了。"

"我认为你的劣势转化一下却正是你的优势。200多年来,费奇堡市还没有一位亚裔市长,市民都愿意看到新面孔。你28岁是年轻,可古老的费奇堡市正缺少年轻的活力。你现在是费奇堡市政府的公务员,一直都在做帮助市民创造就业机会的工作,这可是市民们最关心的问题。"爸爸的一番话让黄素芬豁然开朗。第二天上午,黄素芬早早赶到竞选办公室,报名参加市长竞选。后来在竞选演说时,黄素芬巧妙地把自己的劣势转化成了优势,她说:"第一,我是亚裔。200多年了,费奇堡市还没有一位亚裔市长,广大市民应该给亚裔一个机会。第二,我28岁,是很年轻,可年轻意味着希望,我们古老的费奇堡市正需要年轻的血液、青春的活力。年轻的我将会以澎湃的热情和充沛的精力投入到工作中。第三,我从进入费奇堡市政府以来,一直做着促进就业方面的工作。我认为解决就业问题,是整个费奇堡

市政府最急切的工作。我会竭尽所能,帮助每一个需要帮助的人。"

最终,黄素芬出人意料地以高票当选了市长,并于2008年1月6日下午正式宣誓就职。

敢于暴露缺点的人更容易达到自我实现。心理学家认为,自我实现者是最成功的,他们充分地发挥了潜能,使自己趋于完美。能够接纳自己缺点的人,不会因为自己的过失而过分担心或自责,相反,他们会以积极的态度去改进自己的缺点,将劣势转化为优势。而对那些不可改变的缺点,他们则会顺其自然,不会跟自己过不去。因此,这类人一方面会不断进步,从而日臻完美。另一方面又会悦纳自己,对自己感到满意。显而易见,这样的人正是人们心目中的成功者。

自我调节

俗话说:"家家都有一本难念的经,人人都有一段难唱的曲。"有些人遇到难事时会悲观失望,跌入痛苦的旋涡里不能自拔,不懂得自我安慰、自我调节,在烦闷的情绪中苦苦折磨自己。这样的人注定与快乐幸福无缘,他们的人生,也注定会是一片黑暗。

每个人都是向往幸福的人，谁都不愿意在痛苦中生活。如果我们想活得快乐，在面对困难时就要懂得自我安慰、自我调节。这样相当于是自救，挽救自己的身体，挽救自己的幸福。在遇到困难时我们首先要端正自己的心态，努力让自己从悲观失望中挣脱出来，耐心地舔舐自己的伤口，让自己得到自愈。人要学会安慰自己，自我调节，只有这样，我们才能够拨开云雾见太阳，才能够找回失去的快乐。

有一位精神矍铄的老人，耳不聋眼不花，很难想象这样一个看上去顶多有70岁的老人事实上已经接近一百岁了。这位老人叫王国发，为人谦虚谨慎，乐于助人，深得大家的尊敬。很多人认为他之所以能够长寿，一定是因为他的人生顺风顺水，生活条件优越。但是了解王国发的人都知道，王国发的一生相当坎坷，换作别人，估计很难在这些痛苦中支撑下去。王国发却没有灰心丧气，他在遇到困难时能够及时进行自我安慰，自我调节，这也是他能够长寿的原因。

王国发父亲早逝，母亲也在他20岁那年撒手人寰。王国发有两个儿子，大儿子刚长成人就得病去世了，妻

子也因为儿子的逝世而悲痛过度，不久也去世了。同时失去了两位亲人对于人到中年的王国发来说是相当沉重的打击，但王国发并没有因此而自暴自弃，放弃人生，反而及时地进行自我安慰，自我调节，勇于向生活发出挑战。可是天有不测风云，二儿子在他80岁那年也因病离开了人世。亲人的相继离去让老人尝到了空前的孤独，但他还是从悲痛中解脱了出来。因为他明白悲痛不仅于事无补，反而会摧残自己的身体，所以他才不会在悲痛上面浪费太多的时间。

现在王国发老人每天在孙子的陪同下在小区的花园里晨练，一老一少让小区的清晨显得是那样的安详而美丽。

王国发用自己的一生验证了自我安慰的重要性，他的长寿在很大程度上是因为他能够及时进行自我调节，能够时刻保持健康的心态。人的一生，无论遇到多么困难的事情，都不应该悲观失望，而应该采取积极乐观的态度来进行自我安慰，只有这样，才可以掌控自己的人生，拥有良好的身体和精神状态。

事情都具有两面性，在困难来临的时候，悲观和恐惧只会使自己头昏脑涨，无法认清当前的状况，因此就很容易被不良情绪所控制。事实上再不好的事情也并不是完全无可救药的，我们应该凡事多往好的方面去考虑，多从正面去理解，这样我们就能从不利的因素中看到有利的因素，重新获取前进的信心和动力。

这就是自我调节的优势，会让我们从悲痛绝望中解脱出来，重新获得对幸福的感知。当困难来临时，我们要及时转移自己的注意力，换个角度看问题，同时采取适当的精神胜利法，从而使自己这颗泄了气的气球再次膨胀饱满起来，重新飞向蓝天，在更加广阔的空间里去获得属于自己的幸福。

自我安慰就是通过自我调节、自我解脱来实现自己的心理平衡。自我安慰可以帮助我们从困境中解脱出来，重拾对生活的信心。但自我安慰不可以过度，过度的自我安慰会沦为阿Q式的精神胜利法，再遇到困难，我们就总会试图为自己的失败和缺点找借口找理由了。这样会使我们丧失斗志，变得失败和平庸。

过度地安慰自己会将自己宠坏，不仅不会使我们正视自己的缺点，从失败中去吸取教训，还会使我们将所有的过失都归结到外部原因上。这样的话，虽然可以获得狭隘的快乐，但这种快乐是虚幻的不切实际的，甚至是可悲的。所以我们既要懂得自我安慰，又要懂得控制安慰的度。

面对困难,我们应该多从好的方面去看问题,学会多角度思考和分析,遇到困难及时进行自我调节,自我安慰,在逆境中找到前进的方向,从困难中得到解脱,活得开心。

不要计较

楚庄王平定了斗越椒的叛乱,回到郢都后,拜虞邱为令尹,主管国事。然后,大摆宴席庆功,文武大臣和妃嫔都参加。楚庄王说:"我六年没喝酒了,也未听钟鼓之声。今日叛乱已平,四境安宁,我破例设宴,名叫'太平宴',请文武官员都来参加,喝个痛快!"大厅里奏着乐,大家高高兴兴地喝着酒,一直喝到日落西山还不愿离席,庄王就命令点起蜡烛再喝。大家一边喝酒一边谈笑,越喝越带劲。庄王喝得更痛快,叫他最喜欢的许姬出来给大臣们敬酒。这位仙女般的许姬一出来,闹哄哄的大厅里顿时鸦雀无声,大家的眼睛直盯着她发呆。

这时,一阵风吹来把所有的灯都吹灭了,宴会厅里一片漆黑,大家乱哄哄的。这时,突然有人趁乱去扯庄王一个美妾的衣服,这位美妾也未叫唤。只是顺手把那人帽上的带子扯了下来,然后悄悄对庄王说:

"刚才有人趁黑扯我的衣服,我已顺手把他的帽带扯了下来。

赶快点上灯，看谁的帽上没有了带子，就是谁犯下了非礼的罪行。"

庄王听了心想：既然是我赏酒给大家喝，要求人人都一醉方休，现在这人是酒后失礼，我又何必为了显示美人的节操而去羞辱处罚他呢？

于是庄王叫不要忙点灯，而宣布说：

"今天我请大家一醉方休，不扯断帽带不算尽兴。大家都趁黑把帽带扯下来吧！"

喝酒的一百多位大臣都纷纷把帽带扯了下来，庄王这才叫人把灯重新点上。大家继续饮酒，尽欢而散。谁也不知道发生了什么事情，只有那个非礼的人自己心中有数！

两年后，吴国兴兵攻打楚国，楚庄王亲自率军迎敌。有一位大臣总是冲在前面，奋不顾身。两军五次交锋，那人五次都砍下了敌人的脑袋，打退敌人，使楚军取得了胜利。庄王对他的勇敢又感动又吃惊，忍不住问他说：

"我德行浅薄，平常并没有特别对你好，你为什么这样把生死置之度外为我效力呢？"

那人回答说：

"臣下实在不好意思，我就是那天晚上酒后失礼被美人扯掉帽带的人啊！我犯下了死罪，大王却不忍心治我的罪，并且不

让大家知道。大王的仁德我不能不报答。所以,我一直在想为大王肝脑涂地,用我的一腔热血去溅洒敌人。现在好不容易有了机会,我还有什么可顾惜的呢?"

庄王听了感叹不已。于是重用那人率兵退敌,楚军大胜。

有诗赞云:"暗中牵袂醉中情,玉手如风已绝缨。尽说君王江海量,畜鱼水忌十分清。"楚庄王明明可以知道谁是那个非礼的大臣,但却不计较,故意想法放过了他,装作不知道这事。以他王者之气,容忍了部下对爱姬的无礼,结果得到那人出生入死的报答,给后人留下了宽以待人的美谈。

生活中,总少不了得与失的交换。如果我们患得患失,斤斤计较,那么就可能因局部而毁大局。一池一地看似很大,但在国家面前来说,却不值得一提。人生也一样,不要总把个人的得失看得那么重要,如果只专注于眼前,那么必定失去长远。不争一时短长,给自己制造一个好的环境,全心投入长远利益,那么眼前失掉的,以后都会得到加倍的补偿。

杨坤的一曲《无所谓》让人感动。他唱得那样的深情,而情感又是那样的沧桑豪迈,那是一种心灵的翻然醒悟,那是一种历尽艰辛后的洒脱。

念头一转,心就不烦。"无所谓,原谅这世界所有的不对",

在我们的身边有多少的不对值得耿耿于怀，有多少的错误需要念念不忘，有多少的委屈使自己喋喋不休，有多少的荣耀使得永远津津乐道，又有多少的真情让我们恋恋不舍。这些"有所谓"仔细想一下真的不值得，所有的计较只是因为当时太年轻，太好胜，不够成熟，我们计较的正是我们看重的，我们在乎的正是我们付出的。

不要计较得太多，对朋友不要过于苛刻。在这个世界上没有谁是完美的，错就错了，原谅就行，不要对无意的伤害刻骨铭心。这个世界上的确有刻骨铭心的事，但是这绝对不应该是恨。朋友伤害了自己，欺骗了自己，心中是不好受，可是我们不要一天一天"传承"下去，那样只会把一份伤害复制成多份。

计较得少了，就会发现值得自己伤心的人、伤感的事突然不多了。我们爱一个人就不要要求对方是个圣人，首先要知道自己是个凡人，爱上的也只能是凡人。是凡人就会有凡心，就会有喜怒哀乐，谁都有心情不好的时候，心情不好的时候发点儿脾气很正常。爱一个人不是计较对方的缺点与错误，计较得越多就会发现这些问题越严重，最后可能伤害的就是自己。为了不必要的计较而伤害爱情、伤害家庭、伤害对方、伤害自己是最不值得也是最愚蠢的行为。

不要计较得太多，并非是什么也不计较，而是不去计较那

第六章　多学人生技巧

美好人生需要好心态

些不必要的计较。计较就是计算与较量，计算自己的得失，计算自己的成败，计算自己的付出与回报，计算自己的利益；较量，就是比较与衡量，在计算的基础上衡量进退，衡量取舍，衡量利害，衡量多少，衡量自己的为与不为。世界上总有一些东西是无法计算、比较、衡量的，这些东西与势利无关。这些东西是什么？人们不完全知道，也一直在寻找。尽管人们还不能完全窥其全貌，但还是坚信这些东西一定存在。

面对亲人的误解，面对朋友的背信弃义，面对人生的许许多多不如意，有时真的不需要辩解和解释什么，不要刨根问底地追问为什么会这样，为什么命运对自己如此不公。你所能做的，只是从容不迫地走开，心平气和地面对，悄无声息地宽容，镇定自若地承受，风轻云淡地忘怀。世界上总有一种情感能够超越生命，总有一种情怀能够包容一切。我们不可能要求别人做得最好，可是我们却能够让自己不那么苛刻和刻薄。做事不能太苛刻，做人不能太刻薄。苛刻累己，刻薄伤人。不要计较太多，是生活的艺术，更是人生的一种智慧。

取长补短

成功者是非常善于向他人学习的人，他们懂得取长补短，成就自己。他们向成功者学习经验，总结失败者的教训，避免发生类似错误。

老子曰："善人者，不善人之师；不善人者，善人之资。"仔细观察行善者的行为，向能者求教，学会用他们的思维方式来分析问题，同时对比自己作为局外人的想法，找出其中的差异，发现自己的不足，从而学会自己不懂的东西。对于"不善人"的行为，要观察和分析其"不善"的原因以及整个过程中所表现出来的不足之处，以此作为自己的一面镜子，避免自己遇到类似情况再犯同样的错误。

一个人的体验是有限的，在与人交往的过程中，应该多学习成功者的经验，同时也要总结失败者的教训，这样才能逐步完善自己。

世界著名潜能开发大师安东尼·罗宾曾说："别人能够做到的，你同样也能够做到。这跟你的意愿无关，而涉及你使用的方法，也就是参照那人是怎么去做的。"有些人之所以能达成目标，依靠的是多年以来的勤劳苦干，历经无数的失败，才找出一套特别之道。但是你不要走他们的老路，只要学习他们成功的经验，不需要花费像他们那样多的时间，也许不多久就可以达到像他们那样的成就。

安东尼曾与美国陆军签订协议,帮助陆军进行新兵射击训练。他找来两名神射手,并找出他们在心理及生理上的异人之处,掌握正确的射击要领,随之对新手进行一天半的课程训练。课后进行测试,所有人都及格,而列为最优等级的人数竟是以往平均达到人数的3倍多。安东尼认为模仿是通往卓越的捷径,他说:"如果看见有人做出令我羡慕的成就,那么只要我愿意付出时间和努力,也就可以做出相同的结果来。"

如果你想成功,你只要能找出一种方式去模仿那些成功者,便能如愿以偿。

成功者都是擅长模仿的人,因为他们懂得向他人学习经验。此外,他们更注重总结失败的教训,因为这一点不容忽视。

有个捕鱼技术高超的渔人,被人们尊称为"渔王"。然而"渔王"年老的时候却非常苦恼,因为他的三个儿子的捕鱼技术都很平庸。于是他经常向人诉说心中的苦恼:"我就搞不明白,我捕鱼的技术这么好,可我的儿子们为什么这么差呢?我从他们懂事起就开始向他们传授捕鱼技术,而且是从最基本的东西教起,告诉他们该如何织网最容易捕捉到鱼，如何划船最不会惊动鱼，如何下网最容易请鱼入瓮。他们长大了，我又教他们怎样识潮汐、辨鱼汛，凡是我长年辛辛苦苦总结出来的经验，我都毫无保留地传授给了他们。可是，他们的捕鱼技术竟然还没那些技术比我差的渔民的儿子好！"一位路人听了他的诉说后，问："你一直手把手地教他们吗？""是的，为了让他们得到一流的捕鱼技术，我教得很耐心很仔细。""他们一直跟随着你吗？""是的，为了让他们少走弯路，我一直让他们跟着我学。"路人说："这样说来，你的错误就很明显了。你只传授给了他们技术，却没传授给他们教训，对于才能来说，没有教训与没有经验一样，都不能使人成大器！"

成功者的经验固然宝贵，失败者的教训也绝不能忽视，要想成功，这两点缺一不可。汲取成功经验，总结失败教训，你的成功必将指日可待。

淡泊名利

当代大学者钱钟书，终生淡泊名利，甘于寂寞。他谢绝所有新闻媒体的采访，中央电视台《东方之子》栏

目的记者，曾千方百计想冲破钱钟书的防线，最后还是不无遗憾地对全国观众宣告：钱钟书先生坚决不接受采访，我们只能尊重他的意见。

20世纪80年代，美国著名的普林斯顿大学特邀钱钟书去讲学，每周只需钱钟书讲40分钟课，一共只讲12次，酬金16万美元。食宿全包，可带夫人同往。待遇如此丰厚，可是钱钟书却拒绝了。

他的著名小说《围城》发表以后，不仅在国内引起轰动，而且在国外反响也很大。新闻和文学界有很多人想见见他，一睹他的风采，都遭他的婉拒。有一位女士打电话，说她读了《围城》很想见他。钱钟书再三婉拒，她仍然执意要见。

钱钟书幽默地对她说："如果你吃了个鸡蛋觉得不错，何必要一定认识那只下蛋的母鸡呢？"

淡泊于名利，是做人的崇高境界。没有包容宇宙的胸襟，没有洞穿世俗的眼力，是万难做到的。在物欲横流的今天，人们生活的节奏越来越快，生活水准的要求也越来越高，且不说生活，就是活着，都有着太多的压力，太多的诱惑，太多的欲望，当然也伴随着太多的痛苦。如果我们在短暂的一生中，能看淡世事无常，静观花开花落，并不是一件容易的事情，它需要很高的修养和风度。

淡泊是一份豁达的心态，是一份明悟的感觉，行至水穷处，坐看云起时，是一种淡泊；古今多少事，都付笑谈中，更是一份淡泊。淡泊是超脱世俗的诱惑和困扰，实实在在地对待一切，豁达客观地看待一切的生活。

> 居里夫人获得第一次诺贝尔奖之后，毅然将原来的100多个荣誉称号统统辞掉，专心研究，终于又荣获了第二次诺贝尔奖。有一天，一位朋友来她家做客，看见其小女儿正在玩英国皇家学会刚刚颁发给她的一枚金质奖章，大惊道："居里夫人，现在能得到一枚英国皇家学会的奖章是极高的荣誉，你怎么能给孩子玩呢？"居里夫人笑了笑说："我是想让孩子从小就知道，荣誉就像玩具，只能玩玩而已，绝不能永远守着它，否则就将一事无成。"居里夫人对待荣誉的这种态度，成为后人学习的楷模。

淡泊名利是一种境界，淡定人生是一种超脱。一个人假如有淡泊宁静的气质，那便是一种人生丰富阅历的展现。能够洞

悉人生的真相，明了自然界的法则规律，显示出淡泊的一种智慧，一种成熟。

人生短暂，与浩瀚的历史长河相比，世间的一切恩恩怨怨、功名利禄皆为短暂的一瞬，退一步海阔天空。平淡的日子不会永远平淡，只要怀有淡泊的心境和一生一世永不放弃的追求，给自己一个宁静的心态，也一定能获得生活馈赠给你的那份欢乐与收获。

北宋开国元勋曹彬北周时曾经做过潼关监军，后升迁为西上合门使。显德五年，出使吴越，吴越地方所送给他私人的礼物，他一点都没有收取，等到要回来时，吴越的人驾着小船追赶赠送他礼物连续四次，曹彬最终不好推辞，于是说："我如果还拒绝，就好像是为了树个名声。"于是就收下来，用船带回来后全部送到官府。世宗知道这件事后，强行命令把礼物返还给曹彬，曹彬接受了，回来后又全部分给了亲族及部下，自身没留一钱一物。

北宋开国初期，曹彬西征太原，南伐吴越为北宋建国立了汗马功劳。自出师始至凯旋止，曹彬卒宋军都服从命令，没有敢放肆妄为的，战后，宋太祖打算封曹彬宰相，他坚辞不受。宋帝只好赐钱 20 万，拜曹彬为枢密使检校太尉，忠武军节度使。

曹彬性情温和仁慈敦厚，从不和君臣发生对抗，他曾经征伐后蜀、南唐，攻陷后自己一无所取。曹彬官至将相，却从不以高官自居。在路上遇到同僚士大夫，总是先给对方让路。对于无名的下层小吏，因事求见，也总是要把衣冠整洁后才见。曹彬为官多年，他做官期间的俸禄大多分给了亲戚族人，自己没有剩余。宋太祖赵匡胤对曹彬的品行大加称赞，常对臣子们说"曹彬是个清介廉谨"的好官。

第六章 多学人生技巧

"人人都说神仙好、唯有功名忘不了，"这是《红楼梦》里的开篇偈语，似乎在诉说繁华锦绣里的一段公案，又像是在告诫人们名利世界中的冷冷暖暖，人生是什么暂且不论，名利乃身外之物却最能累人。凡是把名利看得很重的人，必将被名缰利锁所困扰。现实中有不少这样的人，当名利尚未得到时，他会尽心竭力、惨淡经营，甚至把名利当做自己生命的支柱而孜孜追求，待名利得到后，还要机关算尽、战战兢兢、如履薄冰，唯恐一个闪失而丢官失利，弄得自己身心憔悴，未老先衰，宁愿承受如此这般的非人折磨，就是拥有不了淡泊名利、笑看人

生的做人心态。要是能明白——功名乃瓦上之霜，利禄如花尖之露，人生无千年之寿，花开无百日之红的道理，那些无聊的烦恼也许会顷刻就烟消云散。

人生在世，往往不会一帆风顺，有进有退，有荣有辱，有升有降，有高潮，也有低潮。

福兮祸之所伏，祸兮福之所倚，大可不必太在意人生历程的潮涨潮落。"不以物喜，不以己悲"，有失就有得，有付出就会有回报，只要悟透了其中的禅机，便会豁然开朗。淡泊名利，心无尘事，去实现远大的志向，笑看人生，海纳百川。多几分旷达，少一些妒忌，多几分潇洒，少一些烦恼，对名利保持几分淡泊，对生活多出几张笑脸，你轻松，我愉快。人生一世，草木一秋，归心自然，何乐而不为？不为名利牵绊，不为金钱诱惑，想来便来，想往便往，不是神仙胜似神仙。